土木・環境系コアテキストシリーズ D-2

# 水 文 学

風間 聡 著

コロナ社

# 土木・環境系コアテキストシリーズ
# 編集委員会

### 編集委員長

Ph.D.　日下部 治（東京工業大学）

〔C：地盤工学分野 担当〕

### 編 集 委 員

工学博士　依田 照彦（早稲田大学）

〔B：土木材料・構造工学分野 担当〕

工学博士　道奥 康治（神戸大学）

〔D：水工・水理学分野 担当〕

工学博士　小林 潔司（京都大学）

〔E：土木計画学・交通工学分野 担当〕

工学博士　山本 和夫（東京大学）

〔F：環境システム分野 担当〕

2011年3月現在

## 8章 水資源の考え方

- 8.1 水資源とは　105
    - 8.1.1 水資源の問題　105
    - 8.1.2 河川法　107
- 8.2 水紛争　108
- 8.3 親水性　110
- 8.4 水の質の問題　111
    - 8.4.1 汚染場　111
    - 8.4.2 汚染物質　112
    - 8.4.3 塩水問題　114
- 8.5 地球規模の問題　114
    - 8.5.1 温暖化　114
    - 8.5.2 砂漠化　117
    - 8.5.3 水の市場化　118
- 演習問題　120

付録1　リモートセンシング　121
付録2　乱流拡散　129
付録3　気温減率　136
付録4　水理学の基礎　141
付録5　毛管現象と浸透能　146
付録6　確率密度関数の母数推定　150

引用・参考文献　154
演習問題解答　157
索引　160

　　　　　5.2.4　準 一 様 流　70
　5.3　不 飽 和 流　71
　　　　■ リチャーズ式　71
　5.4　浸　　　　透　73
　5.5　地中流の観測　74
　5.6　地下水資源の問題　75
　演 習 問 題　76

# 6章　貯　　　　留

　6.1　貯 留 と は　78
　6.2　自 然 貯 留　78
　　　　6.2.1　積 雪 と 融 雪　78
　　　　6.2.2　地　中　水　80
　　　　6.2.3　湖　　　　沼　82
　6.3　人 工 貯 留　83
　　　　6.3.1　ダムと貯水池　83
　　　　6.3.2　貯留施設の区分　84
　　　　6.3.3　水　　　　田　84
　6.4　貯留の問題点　86
　演 習 問 題　86

# 7章　確率統計水文学

　7.1　確率統計水文学の歴史　88
　7.2　頻 度 分 析　88
　　　　7.2.1　ヒストグラム　89
　　　　7.2.2　確率密度関数と分布関数　89
　　　　7.2.3　リターンピリオド　91
　　　　7.2.4　さまざまな分布関数　92
　　　　7.2.5　分布関数の選定　95
　　　　7.2.6　その他の頻度分析　97
　7.3　時 系 列 分 析　98
　　　　7.3.1　時系列データの成分分類　98
　　　　7.3.2　確 定 成 分　98
　　　　7.3.3　確 率 成 分　102
　演 習 問 題　103

3.2 雲　過　程　*29*
　　3.2.1　上昇流と雲の発生　*29*
　　3.2.2　雨滴と氷滴のでき方　*30*
　　3.2.3　大気の不安定　*32*
3.3　降雨と降雪の特徴　*33*
3.4　降　水　の　観　測　*35*
　　3.4.1　流　域　降　水　量　*35*
　　3.4.2　降水量の観測　*39*
演　習　問　題　*41*

# 4章 地　表　流

4.1　流　出　の　基　礎　*43*
　　4.1.1　さまざまな流出　*43*
　　4.1.2　流　量　の　表　記　*44*
　　4.1.3　有　効　降　雨　*45*
4.2　流　量　の　観　測　*46*
4.3　流　出　モ　デ　ル　*50*
　　4.3.1　流出モデルの分類　*50*
　　4.3.2　合　理　式　*50*
　　4.3.3　単　位　図　法　*52*
　　4.3.4　応　答　関　数　*53*
　　4.3.5　貯　留　関　数　法　*54*
　　4.3.6　タンクモデル　*55*
　　4.3.7　キネマティックウェイブモデル　*57*
　　4.3.8　流出モデルの性能評価　*59*
演　習　問　題　*61*

# 5章 地　中　流　出

5.1　地中流の成分　*64*
　　5.1.1　土　壌　水　分　*64*
　　5.1.2　土　壌　層　*66*
5.2　飽　和　流　*67*
　　5.2.1　不圧地下水と被圧地下水　*67*
　　5.2.2　ダ　ル　シ　ー　式　*67*
　　5.2.3　ポテンシャル流　*69*

# 目 次

## 1章 水の循環
1.1 水の役割　2
1.2 グローバル水循環　3
1.3 メソスケール水循環　6
1.4 さまざまな水文量　8
演習問題　11

## 2章 蒸発散
2.1 蒸発散とは　13
2.2 水収支と熱収支　13
　　2.2.1 水収支　13
　　2.2.2 熱収支　14
　　2.2.3 水蒸気量　17
2.3 蒸発散モデル　19
　　2.3.1 バルク法　19
　　2.3.2 渦相関法　21
　　2.3.3 ペンマン・モンティース式　22
　　2.3.4 平衡蒸発量　23
　　2.3.5 ソーンスウェイト式とハモン式　24
2.4 遮断蒸発　25
2.5 蒸発散の観測　26
演習問題　27

## 3章 降水
3.1 降水とは　29

## まえがき

専門書に進めばよいだろう．本書を足がかりに，統計確率水文学の専門書や境界層気象学の専門書，Ven Te Chow（周 文徳）らがまとめた"Applied Hydrology"のような洋書に取り組めば，さらに水文学の世界が広がるだろう．水文学を基礎として，水資源学や河川工学などの応用分野に進めば，人間活動と水のつながりをより密接に感じることができるだろう．

読者には本書を読むだけでなく，教室の外に出て実現象を見ることをお願いしたい．水の循環は自然現象であり，時々刻々とその様相を変える．風によって揺れている枝葉を見れば，乱流によって蒸散現象が促されていることを実感できる．雨上がりの渓流にいけば，復帰流や地表流を見ることができるだろう．現地（フィールド）観察は水文学の基本であり，教科書の出来事が具現化されるし，新しい発見もあるだろう．簡易な計測機器を持てば，より水循環を定量的に感じることができるはずである．五感によって水文学を感じてほしい．

このまえがきの推敲中に東日本大震災が発生した．水道が途絶えて，水に関して四苦八苦する生活を2週間以上過ごした．トイレに流す水が最も多いこと，雪は集めるのが楽だが大した量にならずしかも溶けにくいこと，20リットルの水を800メートル運ぶ労働力など，多くのことについて身をもって確認した．沿岸域の困窮に比べればたいしたことはないが，水のありがたさを体感した．水文学の知識は，水を手に入れるあらゆる場面で活用でき，実践的かつ有用な学問であることを再確認した．

最後に，本書を執筆する機会を与えていただいた神戸大学の道奥康治先生，下書きの段階から細部に注意して校正作業に協力してくれた川越清樹先生（福島大学准教授），横尾善之先生（福島大学准教授），学生の視点で不明な点やわかりにくい点を指摘してくれた糠澤 桂君，小野桂介君，天野文子君に深甚の謝意を表します．

2011年7月

風間 聡

# まえがき

　水文学は「すいもんがく」と読む。水文学は，地球の水循環に関するあらゆる現象を包括した学問である。古代から哲学者たちが水の循環の説明を試みると同時に，技術者たちは巨大な水理構造物を建設した。紀元前2800年頃にはエジプトにダムが建設されているし，ハムラビ法典にも水に関する法律が記されている。水は多くの自然現象や人間活動に影響を与えるため，さまざまな学問分野で発展したのは当然であるといえる。現在まで水文学は，哲学に始まり，法律学，地理学，気象学，湖沼学，土木工学，農業土木，林学などで取り扱われてきた。最近では，生態学や水質工学に代表されるような環境分野や，経済学，政治学のような分野にも拡大している。

　著者は，同時期に水理学の教科書の一部も執筆した。流体力学の一部である水理学の理論体系は強固で，自由度はほとんどなく，古典的な展開にならざるを得ない。一方，水文学はどの部分もさまざまな理論や知識が詰まっており，独立した視点から説明が可能であると同時にその体系化はひどく難しい。水文学が扱う分野は広範であり，1冊の本ですべてを書き表すことは無理である。その中でも，本書では実務に役立ちそうな基本的事項に絞って記すように心掛けたつもりである。本書は水文学の入門書であり，水文学の全体像を読者がつかめるような内容を目指した。寝ころびながら読んでもらいたい。数式や脚注など読みにくいと感じる項目は読み飛ばしても構わないし，水資源の問題に興味があるなら8章から読み始めてもよいし，コラムを先に読んでもよい。もう少し詳細な説明が必要と思われた理論式の展開や考え方については，脚注や付録に記すこととした。物理や数学を得手とする人は，本文と付録を読んだ後，

分野（共通・基礎科目分野）にJABEE認定基準にある技術者倫理や国際人英語等を加えて共通・基礎科目分野を充実させ，B分野（土木材料・構造工学分野），C分野（地盤工学分野），D分野（水工・水理学分野）の主要力学3分野の最近の学問的進展を反映させるとともに，地球環境時代に対応するためE分野（土木計画学・交通工学分野）およびF分野（環境システム分野）においては，社会システムも含めたシステム関連の新分野を大幅に充実させているのが特徴である。

　科学技術分野の学問内容は，時代とともにつねに深化と拡大を遂げる。その深化と拡大する内容を，社会的要請を反映しつつ高等教育機関において一定期間内で効率的に教授するには，周期的に教育項目の取捨選択と教育順序の再構成，教育手法の改革が必要となり，それを可能とする良い教科書作りが必要となる。とは言え，教科書内容が短期間で変更を繰り返すことも教育現場を混乱させ望ましくはない。そこで本シリーズでは，各巻の基本となる内容はしっかりと押さえたうえで，将来的な方向性も見据えた執筆・編集方針とし，時流にあわせた発行を継続するため，教育・研究の第一線で現在活躍している新進気鋭の比較的若い先生方を執筆者としておもに選び，執筆をお願いしている。

　「土木・環境系コアテキストシリーズ」が，多くの土木・環境系の学科で採用され，将来の社会基盤整備や環境にかかわる有為な人材育成に貢献できることを編集者一同願っている。

2011年2月

編集委員長　日下部　治

## 刊行のことば

このたび，新たに土木・環境系の教科書シリーズを刊行することになった。シリーズ名称は，必要不可欠な内容を含む標準的な大学の教科書作りを目指すとの編集方針を表現する意図で「土木・環境系コアテキストシリーズ」とした。本シリーズの読者対象は，我が国の大学の学部生レベルを想定しているが，高等専門学校における土木・環境系の専門教育にも使用していただけるものとなっている。

本シリーズは，日本技術者教育認定機構（JABEE）の土木・環境系の認定基準を参考にして以下の6分野で構成され，学部教育カリキュラムを構成している科目をほぼ網羅できるように全29巻の刊行を予定している。

　　　A分野：共通・基礎科目分野
　　　B分野：土木材料・構造工学分野
　　　C分野：地盤工学分野
　　　D分野：水工・水理学分野
　　　E分野：土木計画学・交通工学分野
　　　F分野：環境システム分野

なお，今後，土木・環境分野の技術や教育体系の変化に伴うご要望などに応えて書目を追加する場合もある。

また，各教科書の構成内容および分量は，JABEE認定基準に沿って半期2単位，15週間の90分授業を想定し，自己学習支援のための演習問題も各章に配置している。

従来の土木系教科書シリーズの教科書構成と比較すると，本シリーズは，A

# 1章 水の循環

### ◆本章のテーマ

　水文学の概要を知る。水循環をさまざまなスケールで見ると同時に，その仕組みを学ぶ。水文素過程の名称を覚え，諸量の具体的数値を知り，水の移動量をイメージできるようにする。

### ◆本章の構成（キーワード）

1.1　水の役割
　　　　熱，物質移動，水資源
1.2　グローバル水循環
　　　　熱帯収束帯，南北鉛直循環，氷河
1.3　メソスケール水循環
　　　　自然循環，人工循環
1.4　さまざまな水文量
　　　　極値，比流量

### ◆本章を学ぶと以下の内容をマスターできます

- 水循環の流れ（地球規模から日本規模まで）
- 太陽放射を駆動力とする地球規模の水循環から，流域規模の水循環までの仕組みの概要
- 自然の水循環とは異なる人工の水循環の仕組み
- 水循環に関する具体的数値

## 1.1　水 の 役 割

　水全般を扱う学問が,「水文学」である。「すいもんがく」と読む。1964年にユネスコで「水文学とは地球の水を扱う科学,その発生,循環,分布,その物理的および化学的特性,またそれら特性の人間活動への反応を含めての物理的および生物的環境との相互関係を扱う科学である。すなわち水文学は地球上の水のサイクルのすべての歴史をカバーする分野である」[†1]と定義された[1)][†2]。日本の水文・水資源学会は,自然科学だけでなく,社会科学の水に関する研究もカバーしており,水理学や気象学,地理学,陸水学などの理系科目はもちろんのこと,経済学や社会学,政治学などの文系科目も含んだ分野を対象としている。

　水は地球を構成する重要な分子である。分子式で書けばただの $H_2O$ であるが,その役割は大きい。"Water is life" という言葉がよく使われる。水は生命の源と訳されることが多く,すべての生物にとって必要不可欠なものである。人間の体の65％は水分であり,他の生物においても体を構成する基礎分子である。また,水は安定した生活環境または生息環境を提供する。例えば,後述するが地球の気温が約15℃とほぼ安定して,他の惑星と比べて温暖なのも水が存在するからである。

　水は地球上を循環している。大気中ではおもに気体（水蒸気）として,地表面ではおもに液体として移動している。水が移動する際に,さまざまな現象を伴う。例えば,気化熱や融解熱のような相変化を伴って熱は移動するし,土砂や栄養塩などの物質移動だけでなく,魚やウィルスまで運ぶ。現在では,水は管路や船などの人工物を介して運ばれ,水道料金や生産物に変化して金銭とし

---

　†1　Hydrology is the science which deals with the waters of the earth, their occurrence, circulation and distribution on the planet, their physical and chemical properties and their interactions with the physical and biological environment, including their responses to human activity.

　　　Hydrology is a field which covers the entire history of the cycle of water on the earth.
　†2　肩付き数字は,巻末の引用・参考文献番号を表す。

て移動すると考えることもできる。こうした観点から，水は資産や資源と考えることもできる。水文学は，水に対する人間活動を主目的とすれば水資源学と意味をほとんど同じとする。

**水の循環**（hydrological cycle）は，いくつかの過程によって構成されている。過程の一つを**素過程**（process）というが，おもに**蒸発散**（evapotranspiration），**降水**（precipitation），**流出**（runoff），**貯留**（storage）の素過程によって水循環が構成される（図1.1）。細かく見ると，蒸発散のうち，植物の呼吸によって大気に放出されるものを特に蒸散という。蒸発と併せて蒸発散という。降水についても，大気から降雨と降雪，凝結と異なる形態で水が地表面に達する。降雨は直接，地表面に達する場合もあるが，植物の葉や建物に保持されることもある。これを遮断という。地表面に達した水は，重力に従って地表流や地中流と

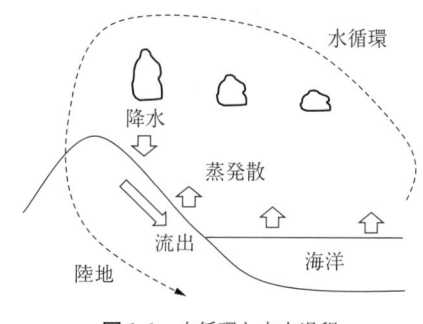

図1.1 水循環と水文過程

なって海洋に達する。これを流出という。地表流は川に代表される地上を流れる水であり，地中流は土壌や地盤中を流れる水である。一部の水は，自然の湖沼，地下水や，人工物のダム，ため池，水田に貯留される。こうしたそれぞれの素過程によって循環は構成されている。

## 1.2 グローバル水循環

水は地球上を循環している。今日，ニューヨークで降った雨は，メキシコ沖で蒸発した水かもしれないし，メキシコ湾の水は北極海から流れてきたものかもしれない。水は大気の大きな循環場に影響を与えている。この移動のエネルギー源は，おもに太陽放射である。地球上では，赤道付近と極域の間で3倍以上，入射する太陽エネルギーが違う。しかし，赤道付近の温度が上昇し続け，

極域では低下し続けるということはない。これは，水を含む大気によって赤道から極域に熱が移動しているからである。味噌汁を鍋(なべ)で加熱すると，加熱部分の味噌汁は熱膨張によって密度が減少し，鍋の中を上昇する。また，その脇では表面で冷やされた味噌汁が収縮して密度が増加し，沈み込む。この上昇と下降で構成される循環を対流というが，地球でも同じように赤道付近で上昇した大気が極域で沈降し，大気上層では赤道付近から極域に，大気下層では極域から赤道付近に風が吹く（図1.2）。こうした南北循環の考えは，1700年代にハドレーによって考えられた。実際には図1.3に示すような三つの循環が発見され

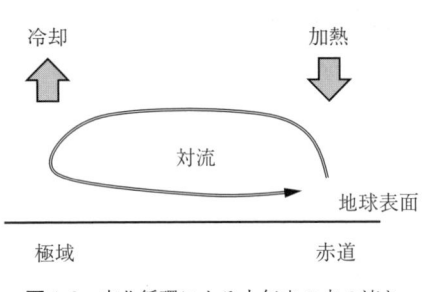

図1.2 南北循環による大気中の水の流れ

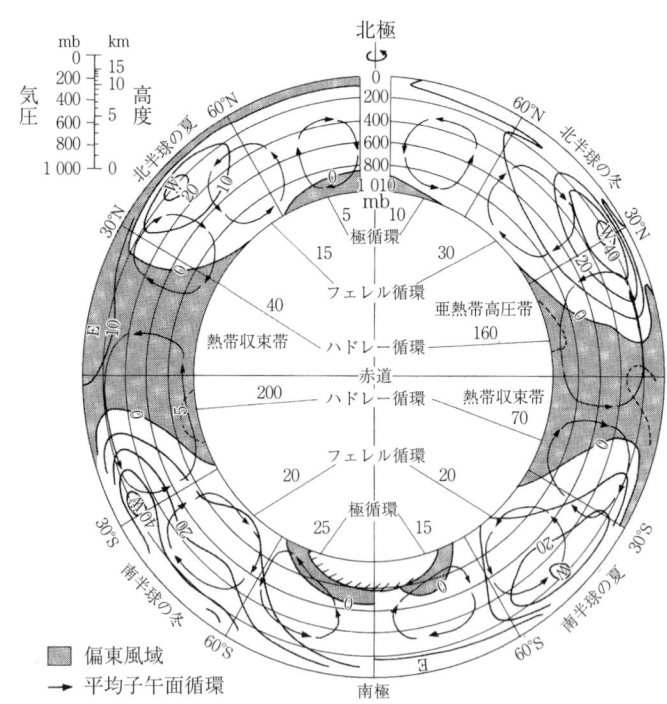

図1.3 平均した南北鉛直断面循環[2)]

ている。北半球の夏の緯度10°付近では，北半球と南半球のハドレー循環（Hadley cell）がぶつかり，上昇流を促している。この上昇流は，多くの積乱雲を発生させ，多くの雨を降らすことが知られている。この領域を**熱帯収束帯**（intertropical convergence zone, **ITCZ**）という。北半球において台風はこの北側で発生し，海面から熱量を吸収して，水蒸気を巻き込みながら北上する。また，黒潮で知られるような海流も高緯度域に熱を運ぶ。こうして地球全体で見ると，赤道付近は放射加熱傾向[†]にあり，極域は放射冷却傾向にある。その熱が大気と海洋によって極域に運ばれるため，地球全体で見て温暖な気候が成立している。

　川も地球全体での水循環に貢献している。チベットは**第三の極**（third pole）と呼ばれるが，その意味は，大量の雪や氷河を蓄えており，多くの大河川がこの付近からの雪解け水を水源としているからである。つまり，海洋から供給された暖かい水蒸気が，チベットで水となって降下し，川となって海洋まで移動するさまが，南北循環に似ているからである。図1.4を見ると黄河，揚子江（長江），メコン，サルウィン，ブラマプトラ，ガンジス，インダス，アムダリア，シルダリアなどの大河がチベットからパミール高原付近を水源にしており，東西南方向に流出していることがわかる。高地は降雪や凝結によって氷河

図1.4　チベット周辺を水源とする河川

---

[†] 太陽からの放射エネルギーによって加熱されること。高緯度では逆に，地球の熱が宇宙に向かって放射エネルギーとして放出されており，冷却されている。

を構成し，気温を調節する役割をもっている。気温が下降した際は，氷河を拡大することによって冷気をこの地域にとどめ，気温上昇期には融雪し熱を吸収しており，地球の安定した気候に貢献している。上記の河川は，**モンスーン**（monsoon，季節風）の影響を受けて，明瞭な雨季と乾季を持つ地域を流下する。雨季には中流から下流にかけて，広い範囲で氾濫をもたらす河川がほとんどである。この氾濫はある地域では，肥沃化や水産資源のような恵みとなって大きな便益[†1]をもたらす。同時に膨大な水を地下に浸透させる。また，乾季には，雨はほとんど降らないが，この地下水の一部が流出に寄与して河川流量を保持することになる。

こうした地球規模の水循環を，グローバル水循環（全球水循環）という。

## 1.3　メソスケール水循環

図1.5は冬季の日本の雲の配置を示したものであるが，シベリアからの冷たい風によって，温かい日本海からの水蒸気が北陸地方に降雪をもたらしている様子を表している。前節でとり上げたグローバル水循環の一部であるこのような現象の対象領域，数百 km$^2$ ～数万 km$^2$ スケールを**メソスケール**[†2]（mesoscale）という。日本海で蒸発した水蒸気は，日本海側の山地に降雪し，春から夏にかけて融雪流出によって日本海に戻るような循環が存在する。このようなスケールの

図1.5　衛星画像から見る冬季の雲
　　　（JAIDAS，2009/2/1）

---

†1　有益なこと。ここでは，経済的に利益があることを意味する。
†2　気象学では 4～400 km$^2$，400～40 000 km$^2$，40 000～4 000 000 km$^2$ をそれぞれ，メソγスケール，メソβスケール，メソαスケールという。ここではおもにメソβスケールのことを指している。

## 1.3 メソスケール水循環

循環をメソスケール水循環という。河川流域を切り出した水循環を流域水循環[†1]という。富山湾で蒸発した水蒸気が立山に降水をもたらし，常願寺川によって再び海に戻るさまは流域水循環である。さらに小さな循環場をローカル水循環と呼ぶ。これらの循環場を厳密に定義することは難しいが，一般にローカル水循環は中小河川流域単位[†2]を取り扱うことが多い。

水循環はそれぞれの素過程で水の移動する時間が異なるため，気候帯によって循環速度も異なる。日本のような湿潤で急峻な地形を持つ地域では，降雨による地上の水がすばやく海洋へと達する。一方，北アフリカのような乾燥地帯では，降雨による水のほとんどが浸透し，長い時間をかけて河川または海洋へと達する。地表と地下の二つの水循環場に分けて，前者を河川流域水循環，後者を地下水流域循環（または地下水盆流域循環）という。

流域水循環も全球水循環と同様，蒸発散から雲過程を経て降水によって陸面に戻り，表面水や地中流を経て海洋に戻る。こうした**自然水循環**（natural hydrological cycle）に加えて，人間活動が活発な流域において，流路の変更や貯留施設によって自然循環と異なる循環系を呈していることがある。この循環を**人工水循環**（artificial hydrological cycle）という（図1.6）。上流のダムによって取水された水が農業用水として水田へ，または生活用水として住宅地に配分される。家庭で利用された水は，下水として処理場に運ばれ，河川を経ることなく，海洋に到達する場合がある。ダムやため池，水田は大きな貯留施設

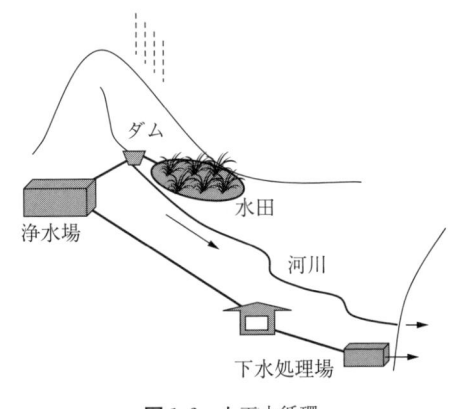

図1.6 人工水循環

---

†1 厳密には循環は閉じていないので，循環の一部が正しい。グローバル水循環の一部を構成する循環場の意味である。
†2 流域とは，ある地点に流入する水を生む降水が生じた地域である（集水域）。

であるし，上下水道は河川とは違う流路である。人間活動の活発な地域では，こうした人工水循環を無視することはできない。

　人工水循環場を創造する目的の第一は，人間が水利用を容易にするための用水整備であり，第二は快適な居住空間を作るための排水整備である。安定した用水のため，洪水時には貯留施設で水を貯めると同時に居住域の水をすばやく流出させ，渇水時には貯めた水を供出する。おもな人工水循環の経路として，流域変更（流路変更），上下水道，農業用水，工業用水，導水路，放水路がある。流域変更は，ダムが多く建設されている地域や洪水氾濫地域に多く見られる。阿賀野川上流の奥只見ダムの上流は，隣の伊南川水系からトンネルによって導水されている。また，利根川の河口を東京湾から鹿島灘に付け替えたものは，最も有名な流域変更かもしれない（利根川東遷）。名取川流域に位置する仙台市の場合，流域上流の二つのダムから取水された水道水が各戸に配水され，その下水は仙台港脇の下水処理場に集水される。こうした流域下流端に下水を集める方式を流域下水道という。導水路は異なる河川をつないで流量を調節する施設であるが，利根川と霞ヶ浦，那珂川をつなぐ導水路が計画されている。また，放水路は都市に設置され，雨水を集め河川に放流する雨水施設のことを指す。こうした人工水循環場は，自然水循環とまったく異なる様相を呈する。

## 1.4　さまざまな水文量

　水循環について概要を述べてきたが，どれくらいの水が循環しているのであろうか。水循環を身近に感じるには，その諸量を知ることが第一である。また，災害を引き起こすような水文量はどれくらいなのであろうか。水文量とは降水や蒸発，農業用水などの量のことをいう。一般に，水文量を速度の次元（距離/時間）で表現することが多い。水文量を表記する際には，長さと時間の単位に注意する。本節ではこれらの値を列挙してみる。

　多くの地域は，太陽の関係から1年を周期として季節が変化している。その

## 1.4 さまざまな水文量

ため,各地域の水文量を比較するのに年間値を用いることが多い。図1.7に示すように全球規模で見ると,おおよそ陸域の降水量が800 mm/y,蒸発散量が484 mm/y,流出量が316 mm/yである[3]。陸域と海域を合わせた全球の降水量と蒸発量は等しい(1 040 mm/y)。陸域の降水量は海洋よりも少ない。これは,陸域が乾燥地域や砂漠などの水循環の小さい地域を抱えるからである。

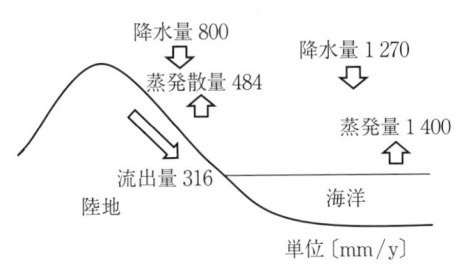

図1.7 全球水循環

世界の河川の年平均流量は,表1.1のようになる。比流量とは単位流域面積当りの流量である(表では100 km$^2$当りの流量)。この表からもわかるように,日本の河川の比流量はたいへん大きい。地形が急峻で,かつ降水量が多いからである。

日本の平均降水量はだいたい1 800 mm/yである。成人男性の身長くらいと覚えておくとよい。この値を覚えていれば,ニュースなどでしばしば使われる「3日間で1 000 mmの豪雨」などの大きさを実感できる。流出量は1 150 mm/y,

表1.1 世界のおもな川[4]

| 河川名 | 流域面積<br>[km$^2$] | 長さ<br>[km] | 比流量<br>[m$^3$/s/100 km$^2$] | 流量<br>[m$^3$/s] |
|---|---|---|---|---|
| オビ | 2 947 900 | 5 200 | 0.51 | 15 000 |
| 揚子江 | 1 775 000 | 6 300 | 1.60 | 28 400 |
| メコン | 810 000 | 4 500 | 1.23 | 10 000 |
| コンゴ | 3 690 000 | 4 370 | 0.94 | 34 700 |
| ドナウ | 1 420 000 | 2 860 | 0.92 | 13 100 |
| アマゾン | 7 050 000 | 6 300 | 2.90 | 204 500 |
| ナイル | 3 007 000 | 6 690 | 0.10 | 3 000 |
| ミシシッピ | 3 248 000 | 6 210 | 0.27 | 8 800 |
| 利根 | 16 840 | 322 | 2.89 | 487 |
| 北上 | 10 150 | 249 | 4.11 | 417 |

蒸発散量 650 mm/y である。全球平均から見れば多雨地域であることがわかる。農業に使われる水は約 143 mm/y，工業に使われる水は約 36 mm/y といわれる。農業や工業に利用された水は，蒸発や地下水へ浸透または海洋へ流出する。

年間値と対照的なものとして極値がある。これはある時間内の最大値または最小値のことをいう。流出や蒸発散の極値を正確に計測することは，さまざまな理由から困難とされている。一方，雨量については計測が簡便なため，各地にデータが存在している。木口・沖[5]によると，世界の雨量の極値としては，インドのメガラヤ州が 26 461 mm/y と 9 300 mm/31 days を記録している。レ

---

**コラム**

**水循環は誰が見つけた？**

いまでは小学生でも知っている地球の水循環ですが，意外にも川の水がどのように供給されるかは，長い時間わかっていませんでした。医学の父，ヒポクラテス（紀元前 460-375）は，水の蒸発を実験によって確かめていましたが，同時期のプラトン（紀元前 427-347）が示した巨大地下貯水池「タルタルス」が水源であるという学説に見られるように，現在の循環をイメージしていません。プラトンの弟子のアリストテレス（紀元前 384-322）は師匠の考えを否定し，川の水の一部が降雨によるものであることを示しましたが，降雨をもたらす水蒸気の起源についてははっきりしていませんでした。

ずっと時代が下ると，降雨が海洋の蒸発で供給されることは知られていましたが，川の水の起源が不明でした。レオナルド-ダ-ビンチ（1452-1519）も水循環に興味を持ち，その説明を試みましたが，川の水のほとんどの起源について，海洋から山岳へ地下を通って水が供給されると述べました。近代哲学の父，デカルト（1596-1650）も同様の考えであり，海洋と山の真下にある洞窟は水路でつながっており，この水が蒸発して泉や川の起源になると述べています。

泉の起源が降雨のみであることを証明したのは，ペロー（1608-1680）とマリオット（1620-1684）です。彼らは，降雨と流量を観測することによって降雨が流量を補うのに十分であることを示しました。ここで初めて水循環がつながりました。

（出典）　アシット・K. ビスワス：水の文化史，文一総合出版（1979）[6]

ユニオン島の Foc-Foc では 1 825 mm/24 hrs，中国内モンゴル自治区の Shangdi では 401 mm/60 min を記録している．ここで1日や1時間でなく，24時間や60分であることに注意する（3.4.1項参照）．日本では，鹿児島県の尾立ダムの 8 692 mm/y，奈良県大台ケ原の 3 514 mm/month，徳島県海川の 1 317 mm/24 hrs，長崎県長与の 187 mm/hr などが記録されている．

流量の極値は，氾濫するため正確な流量を計測するのが困難である．また蒸発散は，実量を計測することが困難である．そのため，流量や蒸発散量の極値の記録はない．

### 演習問題

〔1.1〕 本章に説明されている以外の水の重要性について述べよ．
〔1.2〕 南半球でも南北に長い河川がいくつかある．第三の極に近い働きをする河川を列挙せよ．
〔1.3〕 住んでいる地域の水文量を調べよ．
〔1.4〕 地元の極値を調べよ．

# 2章 蒸発散

## ◆本章のテーマ

　地表面から水蒸気が大気に流れる現象を見る。蒸発散は対流現象の一つであり，雨や雪の降水現象のもとになる。蒸発散は熱の移動を伴い，周辺を温めたり，冷ましたりする。蒸発散の推定としては，水収支や熱収支の残差から求める方法や，乱流拡散の原理による方法が主流である。地表面において太陽放射によるエネルギーが分配され，そのうちの潜熱と顕熱は対流現象によって大気中に放出される。この推定に，乱流拡散原理に基づく簡便なバルク式がよく用いられる。多くの計測器もさまざまな蒸発散推定式に基づいている。

## ◆本章の構成（キーワード）

　2.1　蒸発散とは
　　　　蒸発，蒸散，遮断
　2.2　水収支と熱収支
　　　　貯留，有効放射，潜熱，顕熱
　2.3　蒸発散モデル
　　　　拡散現象，ボーエン比，ペンマン・モンティース式
　2.4　遮断蒸発
　　　　葉面積指数
　2.5　蒸発散の観測
　　　　パン蒸発，ライシメーター

## ◆本章を学ぶと以下の内容をマスターできます

☞　地表面での水収支や熱収支の基礎
☞　蒸発散の推定方法やその原理
☞　地表面の熱の移動や輸送のメカニズム

## 2.1 蒸発散とは

**蒸発散**(evapotranspiration)は，**蒸発**(evaporation)と**蒸散**(transpiration)を併せて表現したものである†。ともに，地表面付近にある水が気化(vaporization)するさまを表現している。極寒ではしばしば**昇華**(sublimation)も蒸発散に含まれる。蒸散とは，特に植物が根から水を吸い上げて葉面の気孔から水蒸気を放出するさまをいう。蒸散は生態活動にかかわるので蒸発と区別する考え方もあるが，蒸散も根の半透性膜の水理水頭差と，葉面と大気の蒸気圧の差により決まる物理的な過程であり，蒸散は蒸発に含まれるという考え方もある。本書では，蒸散を蒸発と区別して表記し，両方をまとめた過程を蒸発散と表記する。

水が液体のまま陸面に存在すれば，ほとんどの場合，蒸発が生じる。蒸発が生じる箇所は地中，地面，家屋表面，植生表面などである。降水が地表面に達しない過程を**遮断**(interception)という。特に樹木の幹や葉によって遮断されることを**林冠遮断**または**樹冠遮断**(canopy interception, crown interception)という。遮断は蒸発に大きな影響を与え，遮断量が大きければ蒸発量が大きくなる。また，ある地点または地域のとりうる最大の蒸発量または蒸発散量を，**可能蒸発量**(potential evaporation)または**可能蒸発散量**(potential evapotranspiration)という。これに対して，実際に蒸発している量を**実蒸発散量**(actual evapotranspiration)という。実蒸発量を知るのは大変困難である。気象観測で実施されている実蒸発量の一つとして，タライに張った水の減少量から蒸発量を求めるパン蒸発量がある。これは，水面からの蒸発量といえる。

## 2.2 水収支と熱収支

### 2.2.1 水収支

蒸発散を直接計測することは難しい。蒸発散は気体の状態で生じ，時々刻々

---

† 蒸発散は1948年にソーンスウェイトによって提案されたが，1982年の国際水文科学会においてイギリスは蒸発散ではなく，蒸発を用いるよう指示している[1]。

場所によって変化するため，感度のよい測器が必要とされるが，現在のところ精度よく計測する測器が開発されていないからである。そこで，間接的に求める水収支法がしばしば用いられる。

ある範囲の水収支は，以下の式によって表現できる（図 2.1）。

$$E = P - R \pm \Delta S \qquad (2.1)$$

ここで，$E$ は蒸発散量，$P$ は降水量，$R$ は流出量，$\Delta S$ は貯留量[†1]である。蒸発散を除く各項は水（液体または固体）であるので，水蒸気よりも計測しやすい。したがって，その残差から蒸発散量を求めることができる。1 000 km$^2$ 程度の流域水収支の場合，貯留量を計測することは難しいが，例えば融雪後期などは流域の土壌水分が例年飽和していると考えられるため，この時期から翌年の同時期までの貯留量変化を 0 と仮定することができ，蒸発散量を求めることができる。このように一般に長い時間スケールの蒸発散しか求められない

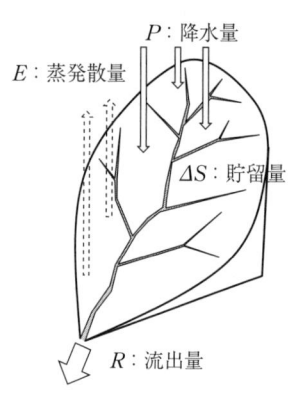

図 2.1 流域の水収支

が，小さな流域や人工的に流出経路を固定したような流域では，貯留量の推測が容易であるため，短期の蒸発散量を求めることができる場合もある。

### 2.2.2 熱収支

液体が蒸発する際には必ず熱の移動を伴う。水が液体から気体に変化する際には，まわりから気化熱を奪う。水蒸気は大気へ拡散していくが，温度計はこの熱を計測することができない。相変化に使われたため，気体自身は温度上昇していないからである。この熱輸送量のことを**潜熱**（latent heat）フラックス[†2]という。水収支法と同様に，地表面の他の熱量を計測して残差から潜熱

---

[†1] 6 章で詳しく述べる。長い時間その場所にとどまる水の量のこと。
[†2] **フラックス**（flux）とは単位面積を通過する物理量のこと。ここでは通過熱量であり，W/m$^2$ = J/s/m$^2$ の単位で表現する。

フラックスを求めれば蒸発散量を知ることができる。この方法のことを熱収支法という。

熱の移動には三つの過程がある。**対流**（convection）と**伝導**（conduction），**放射**（radiation）である。対流は流体を媒体に，伝導はおもに固体を媒体に生じる。放射は電磁波によって移動するものであって，特に媒体を必要としない。1章で見たように，地球上の熱は太陽からの放射が源となっている。太陽からの電磁波はさまざまな波長で構成されているが[†1]，最も熱量の大きいものは**可視光線**（visible ray）である。**赤外光線**（infra-red ray）もつぎに大きな熱量を持っている。波長の長い赤外光線を**長波**（long wave）と呼び，これに対して短い可視光線を**短波**（short wave）と呼ぶこともある。この二つの電磁波が地表面の熱収支の大部分を占め，他の電磁波は無視することができる。

可視光については，太陽からの放射量 $S\downarrow$ と地上での反射量 $r_f S\downarrow$ が存在する[†2]。地上の反射率 $r_f$ のことを**アルベド**（albedo）という。赤外光線は，温度のある物体から発せられている電磁波なので，温められた大気から生じている赤外光線 $L\downarrow$ が地上に入射する。また，地表面にも温度があるので，赤外光線を発する。黒体[†3]から出る放射量は，ステファン・ボルツマン式から $\sigma T_S^4$ で表現できる。$\sigma$ はステファン・ボルツマン定数（$5.67\times10^{-8}\,\mathrm{W\cdot m^{-2}\cdot K^{-4}}$）であり，$T_S$ は地表面温度（絶対温度）である。地表面を温める熱は放射収支の残差であり，以下の式で求められる。

$$R_n = (1-r_f)S\downarrow + L\downarrow - \sigma T_S^4 \tag{2.2}$$

この残差 $R_n$ のことを**有効放射量**（net radiation）という。地表面の放射収支を図2.2に示す。

有効放射によって温められた地表面の熱量は，対流と伝導に配分される。地下への熱は地中伝導熱 $G$ として移動する。また，地表面の水分はエネルギー

---

[†1] さまざまな電磁波を観測することによって，さまざまな水文量を推定することができる。この電磁波を捉える技術をリモートセンシングという。付録1参照。
[†2] ↓は，下向きが正となる熱フラックスを表す。
[†3] あらゆる電磁波を吸収し，熱として放出する物体。近似的に地球は黒体と考えることができる。

## 2. 蒸発散

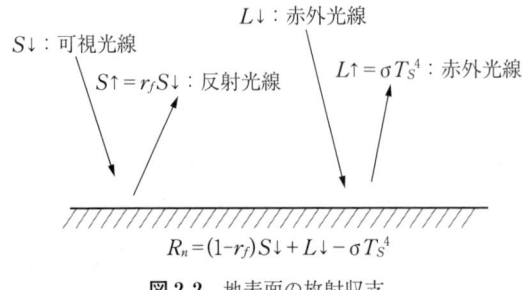

図 2.2 地表面の放射収支

を受けて気化し，蒸発散の潜熱フラックス $lE$ として放出する。ここで $l$ は水の気化の潜熱〔J/kg〕である。空気自体が地表面からの熱によって温められ対流によって大気に拡散する場合は，温度計で熱の輸送を読み取れる。この熱のことを**顕熱**（sensible heat）フラックス $H$ という。地表面の熱収支式は

$$R_n = H + lE + G \tag{2.3}$$

と記述することができる。蒸発散量 $E$ は，式 (2.3) と放射収支の式 (2.2) を併せて以下の式から求めることができる。

$$lE = (1-r_f)S\downarrow + L\downarrow - \sigma T_S^4 - H - G \tag{2.4}$$

可視光や赤外光線は半導体測器によって計測することが可能であり，顕熱や地中伝導熱は温度計を用いれば計測可能である。こうして式 (2.4) の右辺を求めることができれば蒸発散量を知ることができる。なお，水の気化潜熱 $l$ 〔J/kg〕は，以下の式で得ることができる。

$$l = 2.50 \times 10^6 - 2\,400\,T \tag{2.5}$$

ここで $T$ は気温〔℃〕である。地表面の熱収支を**図 2.3** に示す。

蒸発散が生じている場所では，潜熱によって熱の移動が生じており，周辺温度を下げる方向に働く[†]。暑い夏に水をまく「打ち水」は，この効果をねらったものである。

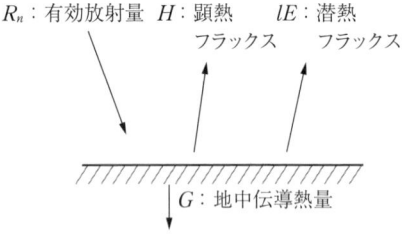

図 2.3 地表面の熱収支

---

[†] アルコールを皮膚に塗ると冷たく感じる。これは皮膚がエネルギーをアルコールによって奪われて体温が下がったためである。一方，アルコールは体温からエネルギーをもらい，気化している。

## 2.2 水収支と熱収支

### 2.2.3 水蒸気量

湿度は大気中の水蒸気含有量を表現した言葉であるが，目的によってさまざまな表現方法がある。蒸発散は水蒸気の移動であるため，これを推測するには水蒸気量を知る必要があり，ここでまとめて水蒸気に関する諸量について整理する。

〔1〕**水蒸気圧**　熱力学で水蒸気量を考える多くの場合，**水蒸気圧**（water vapor pressure）$e$ を用いる。大気中における水蒸気の分圧[†1]である。

〔2〕**飽和水蒸気圧**　飽和水蒸気圧（saturated water vapor pressure）は，気体が持つことのできる最大の水蒸気量を圧力で示したものである。飽和水蒸気圧 $e_{SAT}$ は温度によって決まる。温度と飽和水蒸気圧の関係を**表 2.1** に示す。

**表 2.1** 温度 $T$ と飽和水蒸気圧 $e_{SAT}$ の関係[2)]

| $T$〔℃〕 | -40 | -30 | -20 | -10 | 0 | 10 | 20 | 30 | 40 |
|---|---|---|---|---|---|---|---|---|---|
| $e_{SAT}$〔hpa〕 | 0.189 1 | 0.508 8 | 1.254 0 | 2.862 7 | 6.107 8 | 12.27 | 23.37 | 42.43 | 73.78 |

〔3〕**相対湿度**　相対湿度（relative humidity）は，われわれが最もよく目にする湿度である。よく見かける湿度計は相対湿度を示したものが多い。飽和水蒸気圧 $e_{SAT}$ に対する水蒸気圧 $e$ の比で定義される。単位は％で表記することが多い。相対湿度 $h_r$ は次式のようになる。

$$h_r = \frac{e}{e_{SAT}} \tag{2.6}$$

毛髪式湿度計や乾湿式湿度計[†2]は相対湿度を計測している。

〔4〕**絶対湿度**　絶対湿度（absolute humidity）は，単位体積の空気中に含まれる水蒸気の質量 $a$〔kg/m³〕で定義される。水蒸気密度 $\rho_W$ と同意である。

水蒸気圧 $e$〔hPa〕と気温 $T$〔K〕（絶対温度）の関係は，気体の状態方程式

---

[†1] 混合気体のある一つの成分が混合気体と同じ体積を単独で占めたときの圧力。
[†2] 湿度の観測に，髪が湿度に応じて伸縮する性質を利用して湿度を計測する方法と，温度計球部の湿ったものと乾いたものの温度差から湿度を求める方法が古くから利用されている。湿った球部は，乾燥していれば蒸発が活発で温度がより下がる。

から次式のようになる。

$$e = \frac{\rho_W}{m_W} R^* T \tag{2.7}$$

ここで，$R^*$は普遍気体定数（=8.314 J/mol/K）であり，$m_W$は水蒸気の分子量（=0.018 015 kg/mol）である。乾燥空気の場合は

$$p_d = p - e = \frac{\rho_d}{m_d} R^* T \tag{2.8}$$

で表記できる。添え字の$d$は乾燥空気を表していて，$p_d$と$m_d$はそれぞれ乾燥空気の圧力と分子量（=0.028 964 kg/mol），$p$は大気圧である。絶対湿度$a$は，式(2.7)から

---

**コラム**

**フェーン現象**

　天気予報で「明日はフェーン現象のため暑くなるでしょう」と述べられることがあります。フェーン現象は，潜熱の仕組みがわかれば理解することができます。下図のように，高山に吹きつける風が風上側で多くの湿度を含んでいたとすると，山に沿って上昇すると同時に，雲を発生させ降水を生じさせます。このときに，この気体は潜熱を受けて気温が上昇します。この気体が山を越えて風下の山麓に達すると，以前の気体より高温になります。これがフェーン現象です。

　この説明では，気温減率（標高が高くなるにつれて気温が下がる割合）については考慮していません。乾燥気体と湿潤気体では気温減率が異なることも影響します。乾燥気体のほうが気温減率が大きいので，じつは降水現象を伴わなくとも，山頂に存在する乾燥した気体が降下すると気温が上昇することがあります。これを前のものと区別して，乾いたフェーン現象といいます。

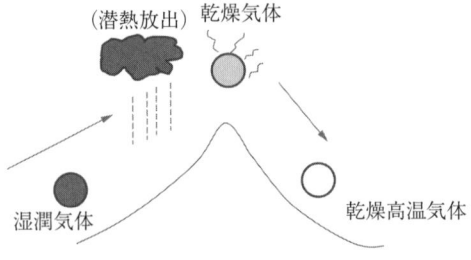

$$a = \rho_W = 0.216\,7\,\frac{e}{T} \tag{2.9}$$

と表すことができる。

〔5〕**混合比** 混合比 (mixing ratio) は，乾燥空気密度に対する水蒸気密度の比である。混合比 $r$ は次式のようになる。

$$r = \frac{\rho_W}{\rho_d} = \frac{0.622\,e}{p - e} \tag{2.10}$$

〔6〕**比湿** 比湿 (specific humidity) は，水蒸気を含んだ空気の密度である湿潤空気密度 $\rho$ に対する水蒸気密度 $\rho_W$ の比である。比湿 $q$ は以下の式で表現される。

$$q = \frac{\rho_W}{\rho} = \frac{r}{1+r} = \frac{0.622\,e}{p - 0.378\,e} \tag{2.11}$$

混合比と比湿は，水蒸気が凝結しなければ圧縮膨張，加熱冷却しても不変である。

## 2.3 蒸発散モデル

蒸発散を直接求めるのは難しいので，気象観測データをもとに推定する手法がいくつか考案された。そのうち代表的なものを本節で紹介する。

### 2.3.1 バルク法

蒸発散は拡散現象[†]で表現することができる。つまり，地表面に高い湿度が存在し，大気の湿度が低ければ，地表面から大気へと水蒸気が移動する。この現象を式で表現すると

$$E = -\rho K_E \frac{dq}{dz} \tag{2.12}$$

となる。ここで，$E$ は蒸発散量，$z$ は鉛直方向の距離，$K_E$ は拡散係数，$\rho$ は空

---

[†] インクを水に入れるとインクが広がっていくさまを見ることができる。これが**拡散** (diffusion) である。濃度の高い（ポテンシャルの高い）ほうから低いほうへと物質は輸送される。また，かき混ぜると早く拡散する。前者を分子拡散，後者を乱流拡散または渦拡散という。

気密度である（**図 2.4**）。この式を離散的に表現すると

$$E = -\rho K_E \frac{(q - q_S)}{\Delta z} \quad (2.13)$$

となる。コーヒーにミルクを入れると分子拡散で広がっていくが，かき混ぜると乱流拡散が生じ，速く拡散する。自然界では風がかき混ぜる働きをしている。この効果を拡散係数の一部と考えると同時に，$\Delta z$ を一定として拡散係数を決めると（$K_E = C_E U \Delta z$），式（2.13）は以下のように変形できる。

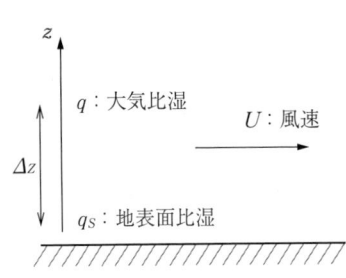

**図 2.4** 鉛直方向の湿度

$$E = \rho C_E (q_S - q) U \quad (2.14)$$

この式をバルク式という。$C_E$ は潜熱のバルク係数，$U$ は風速，$\rho$ は空気の密度である。バルク係数が既知であれば，風速や比湿などの観測データをもとに蒸発散量を推定することができる。バルク係数については多くの研究論文がある。注意しなければならないのは，他の文献からのバルク係数を用いる際に，風速や比湿を観測している高度も，その文献の条件と同じにしなければならないことである。

この方法によって，同様に顕熱フラックスも求めることができる。

$$H = c_P \rho C_H (T_S - T) U \quad (2.15)$$

ここで，$c_P$ は空気の定圧比熱[†]〔J/(kg·K)〕，$T_S$ は地表面温度〔K〕，$T$ は気温〔K〕，$C_H$ は顕熱のバルク係数である。顕熱フラックスと潜熱フラックスのバルク係数の比 $\beta$ を蒸発効率という。

$$\beta = \frac{C_E}{C_H} \quad (2.16)$$

蒸発効率は土壌水分によって変化する。地表面が湿潤状態であれば，$\beta = 1$ となり，顕熱と潜熱の比をそれぞれのバルク式を用いて表すと

---

[†] 圧力一定の条件で，単位質量の物質を単位温度上げるのに必要な熱量。ここでは $c_P \rho$ が空気の体積熱容量で，1 気圧，20℃ で $1.21 \times 10^3$ J/(m³·K)。

$$B_o = \frac{H}{lE} = \frac{c_P \rho C_H (T_S - T) U}{l \rho C_E (q_S - q) U} = \frac{c_P (T_S - T)}{l (q_S - q)} \qquad (2.17)$$

が得られる．この比 $B_o$ を**ボーエン比**（Bowen ratio）という．地表面とある高度の気温と比湿がわかると，ボーエン比を得ることができる．これを式 (2.3) と連立させて解くと，以下の2式を得る．

$$E = \frac{R_n - G}{l(B_o + 1)} \qquad (2.18)$$

$$H = B_o \, lE \qquad (2.19)$$

有効放射量 $R_n$，地中伝導熱 $G$，比湿 $q$，温度 $T$ を観測できれば，それぞれの熱輸送量を求めることができる．この方法をボーエン比法という．

### 2.3.2 渦相関法

蒸発散が生じている大気で鉛直風速と比湿を短い時間間隔で観測すると，**図 2.5** のようなデータを得ることができる．鉛直風速の変動量 $w'$ はある周期をもって上下しているが[†]，その平均風速は0m/sである．一方，比湿の変動量 $q'$ は蒸発散が生じている場合，表面付近の方が大きな値となるので，上昇流が生じているときに高い比湿を示し，下降流が生じているときに低い湿度を示す．平均値は0にはならない．鉛直の水蒸気の輸送量は，風速と比湿を掛け合わせたものになるので

$$E = \rho \, \overline{w' q'} \qquad (2.20)$$

と求めることができる．ここで，$\overline{w' q'}$ は時間平均を表している．この

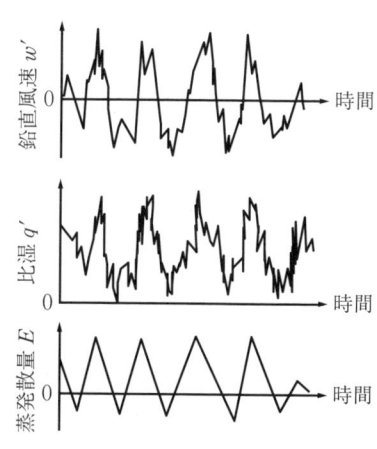

**図 2.5** 渦相関法の概念図

---

† 乱流では短時間に加速と減速を繰り返し，鉛直流速 $w$ は時間平均流速 $W$ と変動成分 $w'$ によって $w = W + w'$ と表現できる．比湿も同様である．長時間で見れば地形や周辺大気の影響を受けて，平均流速は0m/sにならない．付録2参照．

方法を**渦相関法**（eddy correlation method）といい，感度のよい風速計と湿度計があれば用いることができる。

### 2.3.3　ペンマン・モンティース式

可能蒸発散を求め，ある抵抗係数を乗じることで実蒸発散を求める簡易的な方法がある。葉面では活発に蒸散が行われていて水蒸気が飽和しているとすると，式(2.17)を葉面上で考えて，ボーエン比は

$$B_o = \frac{c_P(T_S - T)}{l(q_{S \cdot SAT} - q)} = \frac{c_P}{l} \frac{(T_S - T)}{q_{S \cdot SAT} - q} \frac{q_{S \cdot SAT} - q_{SAT}}{q_{S \cdot SAT} - q_{SAT}} \tag{2.21}$$

となる。$q_{S \cdot SAT}$ は葉面の飽和比湿であり，添え字の $S$ は葉面を表す。添え字のないものは，ある高度における値である。ここで飽和比湿曲線の傾き $\Delta = (q_{S \cdot SAT} - q_{SAT})/(T_S - T) = dq_{SAT}/dT$ と乾湿計定数 $\gamma = C_p/l$ の表記を用いると，次式のようになる。

$$B_o = \frac{\gamma}{\Delta} \cdot \frac{q_{S \cdot SAT} - q_{SAT}}{q_{S \cdot SAT} - q} = \frac{\gamma}{\Delta} \frac{q_{S \cdot SAT} - q - q_{SAT} + q}{q_{S \cdot SAT} - q}$$

$$= \frac{\gamma}{\Delta} \left(1 - \frac{q_{SAT} - q}{q_{S \cdot SAT} - q}\right)$$

式(2.18)より

$$R_n - G = lE(1 + B_o) = lE\left\{1 + \frac{\gamma}{\Delta}\left(1 - \frac{q_{SAT} - q}{q_{S \cdot SAT} - q}\right)\right\}$$

$$= lE\left(1 + \frac{\gamma}{\Delta}\right) - lE \frac{\gamma}{\Delta} \frac{q_{SAT} - q}{q_{S \cdot SAT} - q}$$

となる。ここで

$$E_A = E \frac{q_{SAT} - q}{q_{S \cdot SAT} - q} \tag{2.22}$$

を導入すると

$$lE = \frac{\Delta}{\Delta + \gamma}(R_n - G) + \frac{\gamma}{\Delta + \gamma} lE_A \tag{2.23}$$

を得る。この式は**ペンマン式**（Penman equation）と呼ばれ，可能蒸発散を求める式である。$E_A$ は簡便に $E_A = f_u(e_{SAT} - e)$ で求められるとされ，ペンマン

は高度 2 m の風速 $U$ から $f_u = 0.26(1+0.54U)$ を求めた。

葉面上の蒸発散量を推定するには，水が植生表面から大気中に蒸散する際に働く空気力学的抵抗 $r_a$ と，植生内部から外部に出る際に働く群落抵抗[†] $r_C$ を導入する。これは，バルク式のバルク係数の逆数に相当する。式 (2.23) のペンマン式において，飽和比湿曲線 $\Delta$ に $r_a$ を乗じ，分母の乾湿計定数定数 $\gamma$ に $r_a + r_C$ を乗じることによって蒸発散の抵抗を表現すると

$$lE = \frac{r_a \Delta}{r_a \Delta + \gamma(r_a + r_C)}(R_n - G) + \frac{\gamma}{r_a \Delta + \gamma(r_a + r_C)} lE_A$$

$$= \frac{\Delta(R_n - G)}{\Delta + \gamma(1 + r_C/r_a)} + \frac{\gamma lE_A/r_a}{\Delta + \lambda(1 + r_C/r_a)} = \frac{\Delta(R_n - G) + \gamma lE_A/r_a}{\Delta + \gamma(1 + r_C/r_a)} \quad (2.24)$$

を得ることができる。これは**ペンマン・モンティース式**（Penman-Monteith equation）と呼ばれ，広く植生上の蒸発散量の推定に用いられている。

### 2.3.4 平衡蒸発量

ここまで見てきたように蒸発は，地表面と大気の湿度の差によって生じることがわかる。ところが，地表面と大気の湿度が飽和であっても，蒸発が生じる。この蒸発量のことを**平衡蒸発**（equilibrium evaporation）という。これは相対湿度が飽和であっても飽和水蒸気圧の値は異なるため，圧力差に応じて蒸発が生じるからである。式 (2.18) のボーエン比法を用いれば，式 (2.4) と式 (2.16)，(2.17) により

$$lE = \frac{R_n - G}{B_o - 1} = \frac{(1 - r_f)S\downarrow + L\downarrow - \sigma T_S^4}{\dfrac{c_P(T_S - T)}{l\beta(q_S - q)}} \quad (2.25)$$

となり，飽和比湿曲線の傾き $\Delta$ と乾湿計定数 $\gamma$ を用いると

$$lE = \frac{\beta \Delta}{\gamma + \beta \Delta}\{(1 - r_f)S\downarrow + L\downarrow - \sigma T_S^4\} \quad (2.26)$$

が得られる。この蒸発量が平衡蒸発量であり，地表面と大気の湿度が飽和して

---

[†] 植物の生理的な調節機構による抵抗と考えられている。バルク係数との関係は，$r_a = 1/C_H U$，$r_C = (1/C_H U)(1/\beta - 1)$ となる。

いるときの強風の極限（$U \to \infty$）における蒸発量と定義される。入力放射量 $(1-r_f)S\downarrow + L\downarrow$ が地表面からの赤外放射量 $\sigma T_S^4$ より大きければ，潜熱が上向きに輸送される。平衡蒸発量は，湿潤な地表面からの蒸発量の指標として用いられる。

### 2.3.5　ソーンスウェイト式とハモン式

　ここまでは熱収支の理論をもとに，蒸発散量の推定式を説明してきた。しかし，多くの観測データを要すること，広い範囲での適用性が不明であることなど問題点が多い。そこで，観測値から経験的に蒸発散量を推定する数多くの手法が開発された。

　ソーンスウェイトは，アメリカの観測データから，つぎのような気温だけを関数とした月蒸発散量 $E$〔mm/month〕を求めた。

$$E = 0.533\, D_0 \left( \frac{10\,T}{I} \right)^{J} \tag{2.27}$$

ここで，$I$ と $J$ は

$$J = (0.675\, I^3 - 77.1\, I^2 + 17\,920\, I + 492\,390) \times 10^{-6}$$

$$I = \sum_{i=1}^{12} \left( \frac{T_i}{5} \right)^{1.514}$$

と求められる。$T_i$ は $i$ 月の月平均気温であり，$D_0$ は可照時間[†]（12 時間で 1.0）である。0 ℃以下については $E=0$ としている。式 (2.27) を日本の流域に適用すると，実蒸発散量に近い値を示すことが知られている。

　ハモンは，同様に経験的に，日可能蒸発散量を以下の式にように求めた。

$$E = 0.14\, D_0^2\, \rho_{W\text{-}SAT} \tag{2.28}$$

ここで，$\rho_{W\text{-}SAT}$ は日平均気温に対する飽和絶対湿度〔g/m$^3$〕である。

---

[†]　日の出から日没までの昼の時間の長さ。

## 2.4 遮断蒸発

蒸発散は，雨がやんだ直後に活発に生じる。これは地表面に水が蓄えられると同時に，土壌水分が豊富になるためである。特に森林では，樹冠内の遮断量が蒸発散量に大きく寄与している。都市域でも，住宅の屋根や舗装面の水が大きな蒸発量を生む。

森林やビル群などの大きな領域を考える場合，図2.6のような簡単なタンクモデルが利用される。

$E = \lambda I_p$　　（貯留量 $S$ ＞可能遮断量 $I_p$ のとき）

$E = \lambda S$　　（貯留量 $S$ ＜可能遮断量 $I_p$ のとき）

ここで，$\lambda$ は蒸発係数で，1/時間の次元を持つ。流出量は，$R = \gamma(S - I_p)$ で表される。$\gamma$ は流出孔係数〔1/時間〕である。このモデルでは，葉や幹，屋根において保持できる可能遮断量を超えたときに流出すると考える。葉面や幹などに残った水は蒸発散によって減少する。$S$ は，$S = P - R - E$ で表現でき，流域の貯留と同じである。なお可能遮断量は，樹冠の規模や建物の種類によって異なる。この方法を1枚の葉や一つの屋根に適用することもできる。この場合，可能遮断量 $I_p$ は 1〜3 mm 程度[†]といわれている。

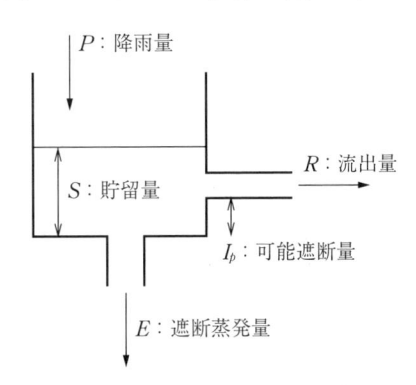

図2.6 遮断タンクモデルの概念図

ある地域における葉面の遮断蒸発を求める際，その地域の葉面積を知る必要がある。森林の葉面積を直接計測することは困難なので，**葉面積指数**（leaf area index, **LAI**）を用いることが多い。これは，葉のクロロフィルが吸収しやすい波長帯の光線を計測して，葉面積を簡便に求めるものである。樹種がわ

---

† ここで示す可能遮断量は長さの単位の持つ。他の変数（$P$ や $E$）は速度の単位である。

かればLAIから葉面積を知ることができる。航空観測や人工衛星観測などで広域のLAIを求めることができる。

## 2.5 蒸発散の観測

実蒸発散量の観測は困難である。直接的に計測する蒸発量としては，**図2.7**に示すようなタライに張った水の水面からの蒸発量を測るパン蒸発量がある。これは水面からの蒸発量を観測している。水位を計測することから減少した水量を求めて，蒸発量を求めるものである。

巨大なタンクに植生や建物などを置いて地表面の状態を作り，流出量を計測し，水収支からある広さの蒸発散量を求めることができる。または，重量の時

---

**コラム**

**蒸発抑制**

獲得できる水資源を増やすために降雨を増やすことは容易でなく，貯留施設を造るか，蒸発量を減らすかが地上で考えられる方法です。広大で浅い貯水池は水温の上昇が大きく，蒸発量も大きくなります。特に乾季と雨季があるような国では乾季の水不足が死活問題であり，湖面からの蒸発量を減らす努力がなされてきました。

最もよく利用される方法の一つが，貯水池の水の上層と下層を混合し，表面水温を下げることによって蒸発を抑制する方法です。混合するには，湖底から空気を送るエアレーションによって循環させる方法が一般的です。この方法は，温度躍層（水温の鉛直分布が急に変化する地点）を破壊する効果もあり，水質保全にも役立ちます。

ほかに，水面に油状の液体を散布して膜をつくり，蒸発を防ぐ方法もあります。ある種のアルコールは単分子膜で被覆するため，たいへん少ない量で湖面を覆うことが可能となり，コストも低く抑えることができます。アメリカや日本の一部で試験的に利用されました[3]。

日本のように降雨量が多く，湖水表面積が小さいような貯水池では，得られる利益よりコストが大きく，自然環境への影響も無視できないので，慎重な検討が必要です。

演 習 問 題

図2.7 パン蒸発測器

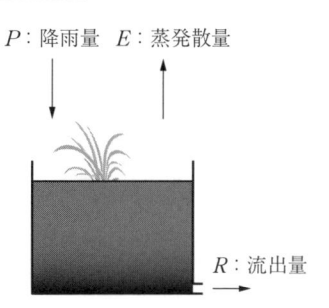

図2.8 ライシメーター

系列変化から，蒸発散量を求めることができる。こうした計測装置を**ライシメーター**（lysimeter）という（**図2.8**）。ライシメーターは最も正確な蒸発散量観測方法といえる。半導体素子を使い高感度な湿度計やレーザーなどの高感度の風速計を用いれば，渦相関法を用いて蒸発散量を知ることができる。局所的にはこの方法も正確であるといえるが，対象となる蒸発散の範囲を知ることができないのが短所である。

ほかに蒸散量を求める方法として，ヒートパルス法がある（**図2.9**）。これは樹木に2本または3本の熱電対を打ち込み，下流側から伝わる熱量を求めて，樹幹流速を求めるものである。この方法は，熱電対がある場所の樹液流しか求めることができず，大きな樹木の場合，全体を正しく計測しているかどうかを判断できない。また，小さい樹木の場合は，熱電対を刺すことができないという短所を持つ。

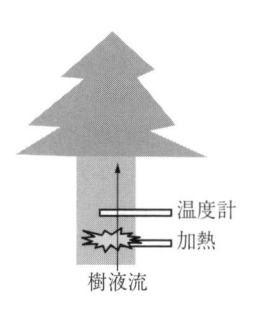

図2.9 ヒートパルス法

演 習 問 題

〔2.1〕 相対湿度と気温から絶対湿度を求めよ。

〔2.2〕 表2.1に飽和絶対湿度，飽和比湿を追加せよ。なお，気圧は1013 hPaとする。

〔2.3〕 ハモン式を用いて，地元の蒸発散量を求めよ。

# 3章 降水

## ◆ 本章のテーマ

大気中の水蒸気が水となって地表面に達する現象を見る。降水は，降雨，降雪，凝結に区分される。水蒸気が上昇すると，氷の粒が発生し，雲を形成する。氷の粒（雲粒）が降下すると降水が生じる。降水量は地形に強く依存し，標高の高い地域では低い地域に比べて降水量の大きいことが多い。流域の平均降水量を求めるにはさまざまな方法があるが，現在ではレーダ雨量計によって降水量の空間分布がわかるようなった。

## ◆ 本章の構成（キーワード）

3.1 降水とは
　　　降雨，降雪，凝結
3.2 雲過程
　　　大気の安定と不安定
3.3 降雨と降雪の特徴
　　　標高依存性，雨雪判別温度
3.4 降水の観測
　　　雨量計，レーダ，流域降水量，ティセン法，重み付き距離平均法

## ◆ 本章を学ぶと以下の内容をマスターできます

☞ 雲ができる過程や降水が生じる原因
☞ 降雨と降雪の標高依存性や生じる温度の違い
☞ 観測した降水量から流域平均降水量を求める方法

## 3.1 降水とは

蒸発散によって大気に供給された水蒸気は，上空の気温低下によって**凝結**（condensation）し，氷の粒による雲を形成する。氷の粒は，雲の中で次第に成長し，その重力が上昇気流の抵抗より大きくなると落下し，**降水**（precipitation）が生じる。氷のまま地表面に達すれば**降雪**（snowfall）であり，落下中に溶解して水になれば**降雨**（rainfall）となる。これらとは別に，湿った大気が冷えた表面に接した場合にも地表面で凝結する。冷えた瓶に水滴が生じるのと同じ原理である。こうした大気の水蒸気が地表面に水をもたらす現象を降水という。低緯度の低地では降水のほとんどが降雨であるが，中緯度から高緯度では降雪と凝結も水循環の一部として無視できない。降水現象は，水蒸気から水または氷に変化する過程ともいえる。

降水は洪水や斜面災害の起因になり，その量を知ることが防災上欠かせない。流出量を評価する際の入力条件であるため，精度よく雨量を計測すること，広域の雨量を見積もること，降雨と降雪を区別すること，が必要とされる。陸上の水のさまざまな源となる降水の把握は，水文学の核心ともいえる。

## 3.2 雲過程

### 3.2.1 上昇流と雲の発生

蒸発散が豊富で，大気に水蒸気が十分にあり，かつ水蒸気を凝結させる上昇流があれば，飽和水蒸気圧の減少とともに氷点以下になると氷の粒が形成される[†]。この氷の粒を雲粒(うんりゅう)（または，くもつぶ）ともいう。これらが集合して

---

[†] 温度が下がると飽和水蒸気圧も下がる。すると相対湿度は上昇し，さらに余分な水蒸気は凝結し，氷点（凝固点）以下の場合に氷ができる。実際には表面張力が邪魔をして氷点では氷粒はできにくい。そのため，氷粒ができるには，過飽和であること，氷晶核があること，氷点以下であることが条件となる。飽和蒸気圧と温度の関係は，クラウジウス-クラペイロンの式で表現できる。

雲を形成している。雲の生成要因はおもにつぎの四つに分類できる。① 地形への依存，② 広範囲の上昇流，③ 局所的な対流，④ 夜間の層雲†からの変形である。これらはすべて上昇流が関連しており，その上昇流が生じる原因として分類されている。① の地形への依存は，風が山の斜面にぶつかる場合や，V字谷のように風が集中して上昇気流を生じさせる場合である。② の広範囲の上昇流は，寒冷前線や温暖前線が動くときに，前線の前面に発生する（図3.1）。③ の局所的な対流については，日本の夏に見られる積乱雲（入道雲）がこれに相当し，地表面が温められた結果，

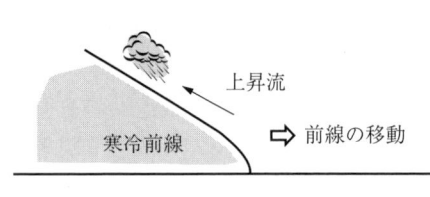

図3.1 前線性の降水

サーマルと呼ばれる上昇流が生じる。④ の夜間の層雲については，雲の上層面で放射冷却が生じ，下降流が起こり，それを補うように上昇流が発生した後，しだいに対流性の雲が発達する。

　雲の内部では，水蒸気から氷または雨滴に変化する際に潜熱を放出する。そのため，雲が活発に発生している場所の周辺気温は上昇する。スキーやスノーボードなどで山をすばやく下ってくる場合，ガス（霧）に遭遇するとやや暖かく感じるのはこのためである。

### 3.2.2　雨滴と氷滴のでき方

　雲粒はほとんどが氷の粒であるが，湿度が非常に高い場合には，水の粒の場合もある。氷の粒を経る降雨を「冷たい雨」，氷を経ない雨を「暖かい雨」という。氷の粒ができるには，氷が発生するための核（氷晶核）が必要である。氷晶核はエアロゾルと呼ばれる大気中の微粒子（火山噴出物や塵）であり，これが少ない場合には雲粒ができにくい。水蒸気が凝結する条件は，氷晶核が存在し，水蒸気が過飽和であり，かつ0℃以下になることである。核を増やせば

---

† 雲の形を分類したものを雲形という。層雲は低層雲にあたり，比較的低い高度に生じる。霧雲ともいわれる。積乱雲は対流雲であり，短時間で大量の雨を降らせる。

## 3.2 雲過程

雲粒は発達しやすくなり，人工降雨[†]はこの性質を利用している。

氷表面の飽和水蒸気圧は，水面の水蒸気圧よりも小さいため，水蒸気は氷へ移動しやすい。そのため，凝結の条件がそろっていると，氷の粒は発達しやすい。また，氷粒は，雲の内部において激しく移動しているため，接触による併合によっても雲粒は大きくなる。雲粒が大きくなり，その質量が上昇流の抗力より大きくなると降下を始め，降水が生じる（演習問題〔3.1〕参照）。雲粒が小さい場合は，浮遊し続けるか，蒸発して消失する。つまり上昇流が大きければ，雲粒は大きくなりやすく，降雨も生じやすい。雨滴は落下速度がある大きさ以上になると空気抵抗によって分裂するため，その直径は1 mmから3 mm程度のものが多い。一方，雪の場合は密度が小さいために落下速度は遅く，粒径は大きくなることができる。

大気の柱の中にあるすべての水蒸気量，正確には単位面積上空にある総水蒸気量のことを**可降水量**（precipitable water）といい，次式で表現する。

$$w_p = \int_0^\infty \rho_W(z)\,dz = -\frac{1}{g}\int_{p_s}^0 q\,dp \tag{3.1}$$

---

**コラム**

**霧，靄，霞，朧**

　左から，きり，もや，かすみ，おぼろと読みます。気象の分野では，微小な浮遊水滴により視程が1 km未満の場合を霧，1 km以上の場合を靄と呼びます。また，視程が10 km未満で相対湿度50 %未満のものを煙霧といいます。霞は気象学の専門用語として使われません。短歌や俳句の世界では，霧は秋の季語，春の霧は霞，夜の霧は朧と区別されています。

村雨(むらさめ)の　露もまだひぬ　槙(まき)の葉に

　　　　　　霧立ちのぼる　秋の夕暮れ　　　　　　寂蓮法師

　　　　　　　　　　　　　　　　　　　　（百人一首87番歌）

---

[†] 氷晶核として働く温度は核の物質によって異なる。火山灰は−13℃であるが，ヨウ化銀は0℃付近で氷晶を形成する。そのため，飛行機などで雲の中にヨウ化銀などをまくと，降雨が発生しやすい。これが人工降雨の原理である。こうした氷晶核となる物質をまく人工降雨発生法をシーディング（種まき）法という。ロシアや中国では実用化されている。

ラジオゾンデ[†]による高層観測によって鉛直方向の湿度がわかれば，可降水量を求めることができる。ここで，$w_p$ は可降水量，$\rho_W$ は水蒸気の密度，$z$ は高度，$g$ は重力加速度，$q$ は比湿，$p$ は気圧，$p_s$ は地上気圧である。可降水量は大気中の水分がすべて降水した場合の降水量である。

### 3.2.3 大気の不安定

天気予報で「大気が不安定のため，強い雨が降るでしょう」と述べられることがよくある。この「不安定」とはなんのことであろうか。

ある空気塊が上昇した際に，周りの大気の温度が低い場合，この空気塊は周辺大気より軽いため上昇を続けることになり，上昇流が発生する。この状態を**不安定成層**（unstable stratification）という。一方，上昇した際に，周りの大気温度より空気塊の温度が低い場合には，再び下降して元の位置に戻る（**図3.2**）。このような状態を**安定成層**（stable stratification）という。例えば，上空に冷たい大気が移動してくると，地表面付近に残された大気は暖かいため，上昇流が発生して降雨が生じやすくなる。

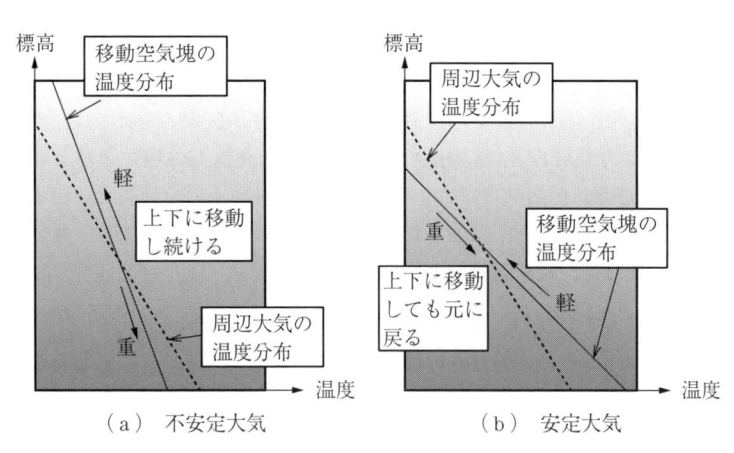

図3.2 安定な大気と不安定な大気の概念図

---

[†] 気象庁は気球に測器を載せて，高層の気圧や風を計測している。上昇中に記録を通信して知らせる。この気球のことをラジオゾンデという。

**気温減率**[†1]（lapse rate）は水蒸気量によって異なるため，異なる性質を持つ大気が遭遇すると安定や不安定になる。空気塊と周辺大気の気温減率が同じ場合は**中立成層**（neutral stratification）という。

異なる高度の空気塊の温度が観測された場合，どちらの空気塊のエネルギーが大きいのか比較することが困難である。そのため，同じ高度（大気圧）に移動させて温度を比較する。**乾燥断熱過程**[†2]（dry adiabatic process）を仮定し，1 000 hPa の圧力にしたときの温度を特に**温位**（potential temperature）といい，次式で表す。

$$\theta = T \left( \frac{p_0}{p} \right)^{\frac{R}{c_p}} \tag{3.2}$$

$\theta$ は温位，$T$ は観測された気温〔K〕，$p_0 = 1\,000$ hPa，$p$ は観測された地点の気圧〔hPa〕，$R$ は気体定数〔J/(kg·K)〕，$c_P$ は定圧比熱〔J/(kg·K)〕である。特に乾燥大気の場合には

$$\frac{R}{c_P} = \frac{R_d}{c_{Pd}} = 0.286 \tag{3.3}$$

と表せる。温位を用いれば，「公平に」空気塊の温度を比較することができる。

## 3.3 降雨と降雪の特徴

より上空に水蒸気を運ぶことができれば，気温も低下するので降水が発生しやすくなる。高度が高いほど凝結しやすくなるので，標高の高い地域では，低い地域よりも降水量が多くなる傾向にある。この傾向は降雪の場合により強くなる。降水の場合と同様に標高が上がれば，気温が低下して降雨が降雪になるからである。気温が低ければ融雪量も小さくなるので，積雪量[†3]も大きくなる。

---

[†1] 一般に乾燥大気の場合，10℃/km である。つまり1 km 高度が上昇すると，10℃下がる。大気下層の暖かい空気塊の場合は4℃/km，比較的標高の高いところでは6〜7℃/km，対流圏の上層では水蒸気が少なく，乾燥大気とほぼ同じである。付録3参照。

[†2] 空気塊が乾燥しており，周辺大気との熱交換がない状態変化のこと。

[†3] 雪が降るさまを降雪，積もっているさまを**積雪**（snowpack），解けるさまを**融雪**（snowmelt）という。

## 3. 降　　水

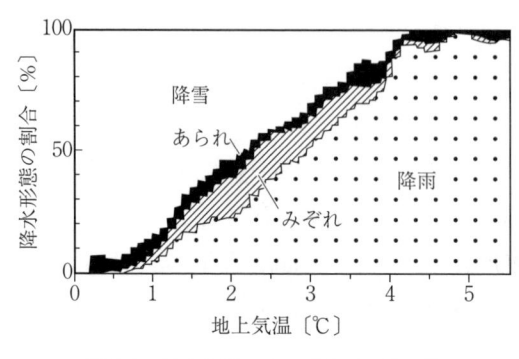

**図 3.3** 地上気温による雪と雨の違い[1]

降雨は降雪が溶解したものであるので、地上気温によって降雨と降雪を区分できる場合がある。**図 3.3** は、地上気温と降水のパターンを記したものである。**みぞれ**（霙, sleet）は、降雨と降雪が同時に生じる現象であり、気象観測では雪に分類される。3℃以下の場合、半分の確率で降雪が生じる。みぞれの場合には、多くの降雪粒子の融解が進んでいるため、積雪後もすぐに融解することが多い。2℃以下の条件の場合、みぞれを除いた降雪現象は半分の確率で生じる。4℃以上になるとほとんどが降雨である。**あられ**（霰, graupel, small hail, snow pellets）と**ひょう**（雹, hail）は、粒径によって区別され、直径 5 mm 未満を「あられ」、直径 5 mm 以上を「ひょう」という。

**積雪深**（snow depth, **SD**）〔m〕は雪の深さを表しているが、水資源の観点から**積雪水当深**（snow water equivalent, **SWE**）〔m〕もよく用いられる。SD に**積雪比重**（snow specific gravity）を乗じたものが SWE である。しかし、積雪は層状に堆積しており、密度は層ごとに異なる。一般に積雪水当深 $SWE$ は

$$SWE = \frac{1}{\rho_w} \int_0^{SD} \rho_{SD} \, dz \tag{3.4}$$

と求められる。$\rho_{SD}$ と $\rho_w$ はそれぞれ積雪と水の密度〔kg/m³〕で、$z$ は層の高さである。全層積雪密度 $\overline{\rho_{SD}}$ がわかれば、SWE を直接 SD から求めることもできる。降雪直後の雪の密度は 100 kg/m³ 程度であり、融雪後期の積雪密度は 450〜600 kg/m³ になる[†]。

積雪水当深は標高に依存するが、高さの線形関数で表現できることがよく知られており、つぎの式がよく利用される。

$$SWE = a\,(z - z_{sl}) \tag{3.5}$$

ここで添え字の $sl$ は雪線(snowline)を表しており,$z$ は標高である。雪線は積雪域と無雪域の境を指す。この係数 $a$ をしばしば,積雪増加係数または積雪水当量増加係数という。松山が集めた日本各地のデータ[2]では,おおよそ $0.5 \sim 2.0$ mm/m の値をとる。つまり 1 km の高度を上ると,$0.5 \sim 2.0$ m の積雪量が増加する。

## 3.4 降水の観測

### 3.4.1 流域降水量

降水量は一般に,時間雨量〔mm/hr〕のように速度の次元を持つ。年間雨量〔mm/y〕など時間スケールが異なることが多いので単位には注意する。また,災害時によく用いられる極値や最大値などでは,年最大日雨量〔mm/day〕や日最大時間雨量〔mm/hr〕などという場合もある。これは年間で最も大きかった日雨量や 1 日で最も大きかった時間雨量のことである。24 時間雨量〔mm/24 hrs〕と日雨量〔mm/day〕とは異なることに注意する。24 時間は日をまたいでも構わないが,日雨量は日付を区切りにした 24 時間の雨量である。月間日数は異なるので,月雨量は観測時間が異なる場合があることに注意する。うるう年がある年間雨量も同じである。各月や各年の観測期間を統一したい場合には,月平均日雨量〔mm/day〕や年平均日雨量〔mm/day〕という表記にする。

流域に降った降水量を知ることは,洪水対策や水資源計画に重要な問題である。しかし,流域またはある地域の雨や雪は空間的に偏りがあるため,全域の降水量を正確に知ることは難しい。そのため,限られた観測点の降水量から流

---

† ここでは SI 単位系の密度表記をしたが,一般に積雪の場合には CGS 単位系(密度は g/cm³)で表記することが多い。その場合,新雪では $0.1$ g/cm³,融雪時期の雪では $0.45 \sim 0.60$ g/cm³ と表記する。SWE は SD を融かしたときの水としての深さなので,$SWE = \sigma SD$ とした場合の $\sigma$ は積雪比重(積雪密度/水の密度)である。この積雪比重は CGS 系の積雪密度と値が同じである。雪の観測において積雪密度 0.4 ということがしばしばあるが,水への換算を想定しているならば,正確には積雪比重というべきである。

域降水量を推定するいくつかの方法がある。

〔1〕 **算術平均法**　最も簡単な方法といえる。流域内のすべての，または一部の観測点の降水量を平均する方法である。観測点数が多く，地形勾配が大きくない場合には適正な結果を与える。

〔2〕 **ティセン法**　ティセン法（Thiessen method）は，おのおのの雨量計の値が代表すると仮定した面積に対して，それぞれの重みを付けて平均する方法である。実務でよく用いられる。**図3.4**のように，近傍の観測点を結んで（破線）同じ大きさになるように三角形を作成し，各三角形の各辺の垂直二等分線を引いて（実線），観測点を囲む多角形を作成する。

各観測点に対して一つの多角形が対応し，各多角形のほぼ中心にある観測点の降水量をその区域降水量の代表値と考える。各区域の面積と降水量をそれぞれ $a_i$, $P_i$ とすれば

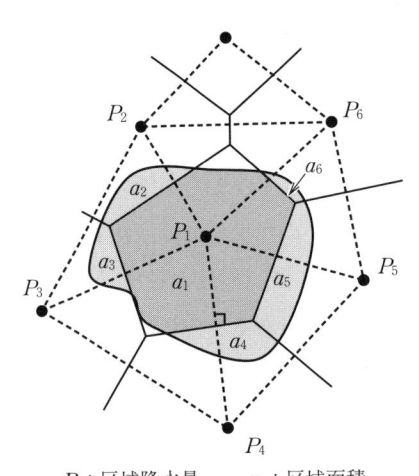

$P_i$：区域降水量，　$a_i$：区域面積

**図3.4** ティセン法

$$\overline{P} = \frac{\sum_i a_i P_i}{\sum_i a_i} \qquad (3.6)$$

によって対象地域の平均降水量 $\overline{P}$ を得ることができる。

〔3〕 **降水量の標高依存の補正**　降水量は標高に依存しているため，降水量を標高の関数で表現して流域平均降水量を求める。このとき，降水量 $P$ は，観測データから線形回帰[†]によって

$$P = az + b \qquad (3.7)$$

のように，標高 $z$ から推定する場合が多い。ここで $a$, $b$ は線形回帰係数である（**図3.5**）。観測結果によっては高次の代数関数に回帰する場合もある。高

度 $z$ の流域面積を $A_z$ とすると，全流域面積 $A$ の流域平均降水量は以下の式で求めることができる．

$$\overline{P} = \frac{\int_{z_{lowest}}^{z_{highest}} PA_z dz}{\int_{z_{lowest}}^{z_{highest}} A_z dz} = \frac{\int_{z_{lowest}}^{z_{highest}} (az+b) A_z dz}{A}$$

(3.8)

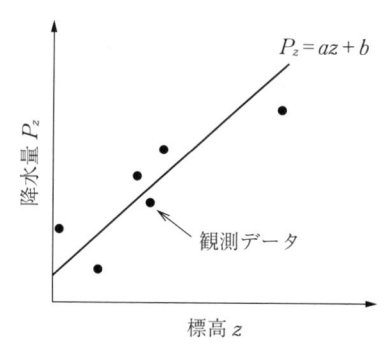

図 3.5 標高に基づく降水量の推定

ここで $z_{highest}$ と $z_{lowest}$ は，それぞれ対象流域の最高標高と最低標高である．近藤[1]は，奥只見の積雪水量の標高分布を $P_z = P_{300} + a(z-300)$ と求めた．$P_z$ と $z$ の単位は m であり，$a$ は年によって変化し，$(0.6 \sim 1.3) \times 10^{-3}$ を得ている．これらの係数は地域や時期によって異なるため，詳細な回帰式の検討が望まれる．

〔4〕 **重み付き距離平均法**　数値地図のようなグリッドデータの場合，観測点からの距離に応じた重みに従って各グリッドのデータを求める方法がしばしば用いられる．いま，求めたい地点の降水量を $P_b$ とし，求めたい地点から近隣観測点 $i$ までの距離を $z_i$，その観測点の降水量を $P_i$ とすると，以下の式を得る．

$$P_b = \frac{\sum_{i=1}^{n} w_i P_i}{\sum_{i=1}^{n} w_i}$$

(3.9)

$$w_i = z_i^{-\alpha}$$

(3.10)

ここで，$w_i$ は距離に対する重み，$\alpha$ は重み係数，$n$ は平均する観測地点数である．降水量を求める地点に近い観測点から順に選定する．一般に $n = 3 \sim 4$ である．重み係数 $\alpha$ が 1 の場合には，内分補間と同じになる．$\alpha$ の値が大きいほ

---

† 回帰とは，グラフ上に散らばった点の最も近傍を通るように作成された関数を求めることである．真値と推定値に気をつける．この場合は，標高が真値である．ここでは 1 次関数が使われているが，高次関数でもよい．最小二乗法によって関数の係数を求めることができる．

ど重みが大きくなる。$a$として1～2がよく利用される。

〔5〕 **DAD 解析**　**降雨量** (depth), **雨域の面積** (area), **降雨継続時間** (duration) の関係式を求める方法である。降雨量が大きいときには，その雨域は小さく継続時間が短いことが多い。これは発達した積乱雲が長く継続しないことや，前線性の降雨が長く続くことから想像できる。この関係を解析することを **DAD 解析** というが，その一部を取り扱う DD 解析や DA 解析なども行われる。同様の概念として，**IDF** (intensity, duration, frequency, 降雨量，降雨継続時間，頻度) **解析** もよく利用される。DAD 解析によって，降雨量と雨域の面積の関係を経験的に知ることができ，流域平均降水量の推定に利用される。

ホートン[3]は，大雨の雨量分布から地点雨量の最大値 $P_0$ を用いて，DA 解析により，次式のように求めた。

$$P = P_0 e^{-kA^n} \tag{3.11}$$

ここで，$k$ と $n$ は係数である。24 時間降水量 $P$〔inch〕と降雨面積 $A$〔平方マイル†〕について，ホートンは，$(k, n) = (0.1, 0.2)$ 程度を得ている。

フレッチャー[4]は，雨域の面積 $A$〔km$^2$〕，降雨継続時間 $D$〔時間〕，雨域の最大降水量 $P$〔mm〕の関係式を以下のように得た。

$$P = \sqrt{D}\left(a + \frac{b}{\sqrt{A} + c}\right) \tag{3.12}$$

ここに，$a, b, c$ は定数であり，全世界について解析した結果，$a = 13$，$b = 10\,900$，$c = 30.9$ を得た。式 (3.12) は $D$ があまり長くない場合に有効とされる。

継続時間 $D$ と継続時間中の平均降雨量 $r_D$ の関係もよく利用される。タルボットは，以下の式を提案している[5]。

$$r_D = \frac{a}{D + b} \tag{3.13}$$

ここで，$a$ と $b$ は定数である。この式は，継続時間 $D = 5 \sim 120$ 分程度に適合

---

† 1マイルは約 1.61 km。

## 3.4 降 水 の 観 測

表3.1 タルボット式の定数

| 地名 | 東京 | 静岡 | 福岡 | 熊本 | 宮崎 | 函館 |
|---|---|---|---|---|---|---|
| $a$ | 5 000 | 5 500 | 5 100 | 5 800 | 7 150 | 3 150 |
| $b$ | 40 | 50 | 50 | 56 | 70 | 30 |

するといわれている。日本の場合，$r_D$〔mm/hr〕と $D$〔min〕の関係式については，表3.1のような定数が得られている。

### 3.4.2 降水量の観測

降雨量の観測は，他の水文量の観測と比べると最も簡単かもしれない。ペットボトルを半分に切ったようなものでも降雨量を観測することができる。降雨量はある時間に貯まる水の高さで表現されるからである。図3.6に示す簡易な雨量計は，発展途上国ではよく利用されている。こうした雨量計には赤い線が引かれており，警戒降雨の目安としていることが多い。

現在最も使われている雨量計は，転倒ます式雨量計と呼ばれるものである。これは獅子脅しの原理と同じであり，ますに貯まった水の自重によって振り子のように傾いて排水される回数を数えることから雨量を計測するものである（図3.7）。降雪域では，この雨量計にヒーターが付いており，降雪水量を測ることができる。

図3.6 最も簡単な雨量計

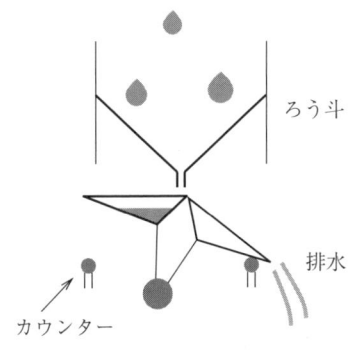

図3.7 転倒ます式雨量計の計測原理

雨量計は，その構造上から風の影響を受けやすい。川畑[6]によれば，風による雨量真値に対する雨量計の捕捉率は，9 m/sで2/3，12 m/sで1/2，15 m/sで

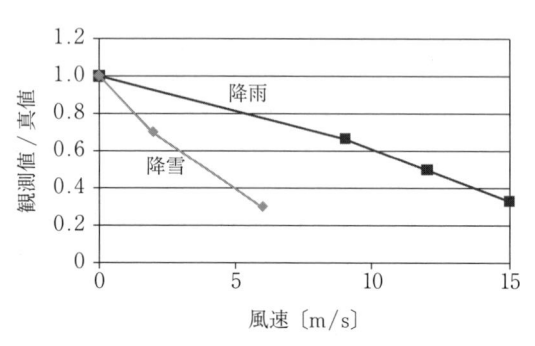

**図3.8 風速による雨量計誤差**

1/3になるとしている。またSevruk[7]によれば、雪の場合、2m/sで0.7、6m/sで0.3になる（**図3.8**）。風の影響をなくすようにさまざまな工夫が雨量計にされているが、地形や建物の影響などの周辺状況の影響も受けやすく、正確な降水量を常時計測することは簡単ではない。

　雨量を面的に観測する方法として、現在ではレーダ観測がある。レーダ雨量計は電磁波を放射し、雨滴から反射した電磁波を受信し、その反射強度の変化から雨滴の数や大きさを推定する。レーダの受信電力$P_r$とレーダ装置から雨滴までの距離$d$、粒子直径$D$との関係は

$$P_r = \frac{C|K|^2 \sum D^6}{d^2} = \frac{C|K|^2 Z}{d^2} \tag{3.14}$$

と表される。これをレーダ方程式という。$C$はレーダ機器によって決まる定数、$|K|^2$は雨滴や電磁波によって決まる変数、$Z$はレーダ反射因子〔$mm^6/m^3$〕である。レーダ受信電力$P_r$から式(3.14)によって$Z$を求める。$Z$は観測降雨$R$と

$$Z = BR^\beta \tag{3.15}$$

の関係を有することが知られており、観測降雨事例を用いて$\beta$と$B$を求めてレーダ雨量を推定する。式(3.15)の関係は$Z$-$R$関係または$B$-$\beta$関係という。

　上記の方法では、$B$と$\beta$の二つの未知のパラメータが含まれているため、レーダの反射因子から直接雨量を求めることはできない。そのため、複数の波長や多偏波のレーダを用いて雨量を求めるマルチパラメータレーダが主流を占

めつつある。

## 演 習 問 題

〔**3.1**〕 雨滴が落下する場合，その抵抗力と重力とが釣り合う速度を落下の**終末速度**（terminal velocity）という。半径 $r$ の雨滴が流速 $U$ で降下する場合の抵抗力 $D$ は，**ストークスの抵抗法則**（Stokes' law of resistance）に従うとすると，$D = 6\pi r \mu U$ である。ここで $\mu$ は空気の粘性係数で $1.8 \times 10^{-5}$ N·s·m$^{-2}$ である。水の密度 $\rho_w$ を $1\,000$ kg/m$^3$ として，終末速度と雨滴半径の関係を求めよ。

〔**3.2**〕 つぎの降雨に関する言葉の読み方と意味を調べよ。
（1） 驟雨， （2） 霖雨
（3） 凍雨， （4） 俄雨

〔**3.3**〕 図3.9のような1辺が1kmの正方形の頂点の地域で観測された降水量をそれぞれ，$P_1 = 100$ mm, $P_2 = 150$ mm, $P_3 = 120$ mm, $P_4 = 200$ mm とする。このとき，重み付き距離平均法によって $P_1$ と $P_2$ の中間にある地点降水量 $P_b$ を求めよ。ただし，重み係数は1とし，観測点4点を考慮するものとする。

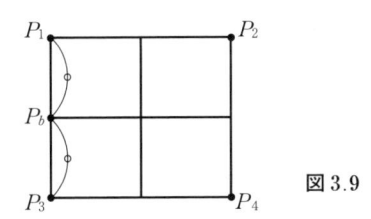

図3.9

# 4章 地表流

## ◆本章のテーマ

本章では，降水後の水が重力によって下流に運ばれる地表流について学ぶ。ハイドログラフは地表流の変化を表現し，その成分は直接流（洪水流），中間流，基底流に区分される。また，水が伝わる場所によって，地中流，地下水流，復帰流などに区分される。これらの流量は，一般に水位計測から $H$-$Q$ 曲線によって，連続的なデータに変換される。また，流量予測にはさまざまなモデルが利用される。

## ◆本章の構成（キーワード）

4.1 流出の基礎
    直接流，基底流，洪水流，中間流
4.2 流量の観測
    浮子式，堰，$H$-$Q$ 曲線，ドップラー流速計
4.3 流出モデル
    単位図，応答関数，貯留関数，タンクモデル，キネマティックウェイブモデル

## ◆本章を学ぶと以下の内容をマスターできます

☞ さまざまな流出成分や流出分類
☞ 流量の観測法や推定方法
☞ 降雨から流量を推定する複数の流出モデルの仕組みとその利用方法

## 4.1 流出の基礎

### 4.1.1 さまざまな流出

河川のある地点で降雨直後の流量または水位を見ると，図4.1のようになる。

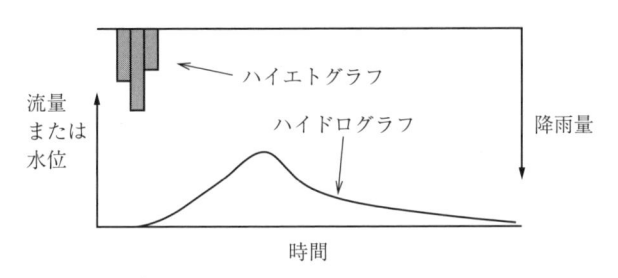

図4.1 ハイドログラフとハイエトグラフ

この流量または水位の時間変化を示したグラフを**ハイドログラフ**（hydrograph），降雨量の時間変化を示したものを**ハイエトグラフ**（hyetograph）という。一般的に，流量は降雨の有無にかかわらず継続する現象なので連続的な線グラフで描画するが，降雨量は無降雨期間があるので観測時間の幅を持つ棒グラフで描画する。

流出過程は，ハイドログラフの流出波形[†]で見た成分と流出経路による成分に分けることができる。図4.2のようなハイドログラフは，**洪水流**（flood

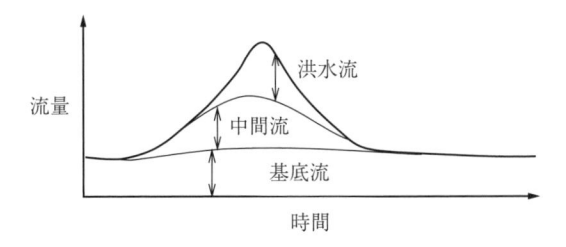

図4.2 流出成分で見た流れの区分

---

[†] ハイドログラフは波の形に見える。波はさまざまな波長や振幅を持つ波（スペクトル）に分解することができるので，しばしば流出スペクトルという。

flow) と**基底流**（base flow）に分けることができる．洪水流は**直接流**（direct flow）ともいう．直接流は降雨に対して敏感な反応をし，地中に潜ることなく直接的に河川流量の増減に影響する．洪水流と基底流の中間的な反応を示す成分を**中間流**（inter flow）と呼ぶこともある．さらに中間流の成分を**速い中間流**（prompt inter flow または early inter flow）と**遅い中間流**（late inter flow）に分けることもある．洪水流は地表面を，基底流は降雨がなくとも存在するのでゆっくりと地中を通過してくることが直感的にわかり，流出経路と密接な関係があるが，両方の流れは，特に経路とかかわらず，波長成分に基づいて分類される．

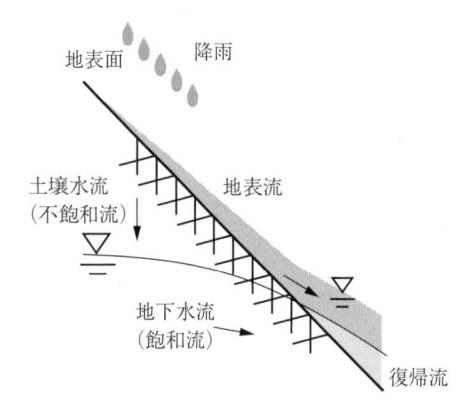

図4.3 流出経路に基づく流れの区分

流出経路に基づく分類では，**図 4.3** のように地表流，土壌水流，地下水流，復帰流など，流れている場所ごとに名称が異なる．それぞれの流出速度は大きく異なる．**地表流**（surface flow）は表面流，地表面流などと呼ばれる．本章では地表流について記述し，地中流については 5 章で詳しく述べる．

### 4.1.2 流量の表記

流出量は一般に**流量**（discharge）〔$m^3/s$〕の単位で表記することが多い．流域の水収支を調べる場合には，流域面積当りの流量である**流出高**（runoff height）〔mm/y または mm/month〕によって表記する場合もある．流出高は降水量や蒸発散量などと同じ速度の次元を有するので比較しやすい．

大きさの異なる流域の流量を比較する場合，流量〔$m^3/s$〕を流域面積（$km^2$ または $m^2$）で除した**比流量**（specific discharge）〔$m^3/s/km^2$ または m/s〕を用いることがある．

## 4.1 流出の基礎

年間のハイドログラフを**図4.4**のように棒グラフで表記する．このとき，最大の日流量から大きい順に並べ変えて表記したものが線グラフであり，横軸は昇順の順位を表している．この順位曲線のことを流況曲線という．さらにこの順位の95番目（95日目）の流量を豊水流量という．さらに185日目，275日目，355日目の流量をそれぞれ，平水流量，低水流量，渇水流量という．

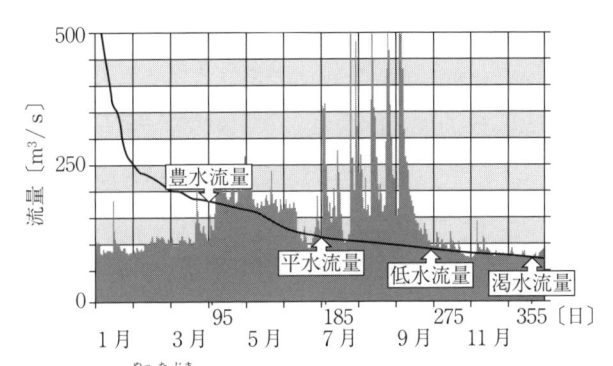

**図4.4** 利根川八斗島（群馬県）でのハイドログラフと流況曲線の例
（2005年，国土交通省水文水質データベース[1]に加筆）

### 4.1.3 有効降雨

図4.1のハイドログラフとハイエトグラフを用いて水収支を求めると，流出量と降雨量は一致しない．これは初期の降雨量が遮断や浸透によって流量に寄与しないからである．この流量に寄与しない雨量を初期損失雨量という．また，降雨全般を通して，蒸発散や浸透によって流量に寄与しない雨量を損失雨量という．図4.2における洪水流と中間流に寄与する雨量を**有効雨量**（effective rainfall）$r_e$といい，損失雨量$r_l$と降雨量$r$には

$$r = r_l + r_e \tag{4.1}$$

$$r_e = fr \tag{4.2}$$

の関係がある．ここで，$f$は流出係数であり，降雨量に対する有効雨量の割合を表している．一つの継続降雨による総有効雨量$\sum r_e$〔mm〕と，その雨による直接流出量$\sum Q_e \Delta t$〔m³〕の間には，流域面積を$A$〔km²〕とするとき

$$\sum r_e = \frac{\sum Q_e \Delta t}{A \times 10^3} \tag{4.3}$$

の関係が成り立つ。

有効雨量と損失雨量を分離する方法にはいくつかの方法が提案されている。一定比損失雨量法は，図4.5の流量の立上りの点Bまでの降雨量を初期損失雨量とし，その後は流出係数 $f$ をつねに一定として，式(4.2)によって有効雨量を求める。なお，$f$ の値は，式(4.3)から求める。一定量損失雨量法では，初期損失は一定比損失雨量法と同様に評価されるが，その後も降雨強度に関係なく一定の損失雨量を仮定する。

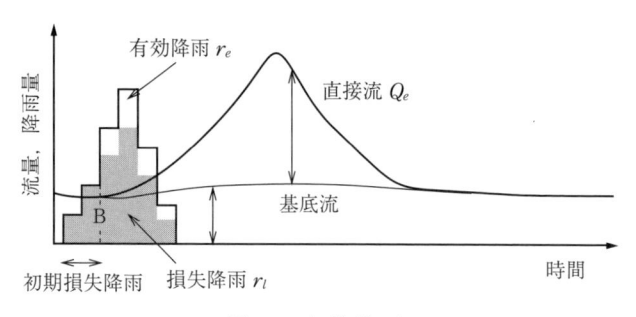

図4.5 有効降雨

## 4.2 流量の観測

正確な流量 $Q$ を計測するには

$$Q = \int_A v \, da \tag{4.4}$$

のように河川における詳細な流速 $v$ と流水断面積 $da$ を知る必要がある。後述する音波を使ったドップラー流速計を用いれば，式(4.4)の積分を離散化して[†]流量を容易に得ることができる。

しかし，洪水期や小河川ではドップラー流速計を用いることは困難である

---

† $Q = \sum_A v \Delta a$。$\Delta a$ は観測した流速がカバーする流水断面積。

## 4.2 流量の観測

など，24時間継続して流量を観測することは容易ではない．そこで，実務においては，計測が簡便であり，流速と密接な関係がある水位の計測に基づいて流量を推定する．現在でも全国各地の河川では流量計測のため，水位を継続的に観測している．水位と流量の関係については後述する．ナイル河では古くから水位を測って流出現象の定量的解析が行われた．ナイル河河畔にあるナイロメータと呼ばれる水位計は，最も古い流出計測器の一つである（**図 4.6**（a））．

（a）ナイロメータ　　　　　　（b）量水標

**図 4.6　水　位　計**

水位は，基準面からの水面の高さを示すものであり，現在では東京湾隅田川河口の水位の平均値を基準（Tokyo Peil，T.P.）とすることが多い．水位を測るには量水標（水位標，図 4.6（b））と呼ばれる標尺を用いる．自記水位計は，河川と連結した井戸内の水位を計測し記録するものであるが，現在では電波を送信して，コンピュータに記録するものが多い．

観測流量は，式（4.4）に見られるように流速とその流積（流水断面積，流れの横断面積）を乗じて求める．しかし，ドップラー流速計の計測と同様，河川断面にわたって継続的に詳細に流速を求めるのは困難なため，実務ではさまざまな簡便な方法が用いられる．

〔1〕**1 点 法**　　水面から水深 60％のところの流速を用いて求める．

この流速を平均流速とみなせるという根拠に基づいている。流積は，標尺などを用いた河川地形の横断観測（深浅測量）によって求める。流速の観測にはプライス型流速計と呼ばれるプロペラ式の流速計を用いることが多い。

〔2〕**2 点 法** 水面から水深の 20％および 80％のところの流速を計測し，その算術平均値を断面流速として用いる。

〔3〕**浮 子 式** 表面浮子と棒浮子がある。表面浮子は小柄の浮子であり，棒浮子は長さを持ち鉛直な方向に直立するようになる浮子である（**図 4.7**）。どちらの浮子によって得られた流速も，平均流速に変換するための更生係数が必要である。表面浮子は風や波の影響を受けやすく，精度が低い。ふつう澪筋†に沿って浮子を複数回もしくは複数個を投入して，その移動速度から平均値を求める。

**図 4.7** 浮子による流量観測
（仙台河川国道事務所提供）

〔4〕**ドップラー流速計** 音波や光波が移動物体（ここでは水を指す）に反射する際に変調した波を計測して局所的な流速を知ることができる。変調はドップラー効果による。音波を利用した**音波流速計**（acoustic Doppler current profiler，**ADCP**）と光を利用した**レーザー流速計**（laser Doppler velocimeter，**LDV**）がある。ともに 3 次元観測が可能であり，水路の流れの構造を詳しく知ることができる。洪水期に大量の土砂や流送物質がある場合には，音波や光波がこれらの浮遊物質の影響を受けるため，正確に測れないことがある。

〔5〕**堰による観測** 流量は時間変化が大きいので，連続観測が難しい。そこで，長期的な観測では，水位-流量曲線を作成して，水位の計測値から流

---

† 最も表面流速が速い流れの筋のことをいう。

量を推定する。水位-流量曲線は $H$-$Q$ 曲線とも呼ばれる。この曲線は、理論的に裏づけられている水深と流量の指数関数の関係を利用する（付録の付 4.2 参照）。堰が水路幅を固定しているような小さい河川によく利用される。堰上流側の湛水域(たんすい)の水位（**図 4.8**）から放水流量が推定される。水理学の理論式によれば

$$Q = KBH^{\frac{3}{2}} \quad (4.5)$$

の関係がある。ここで、$Q$ は流量、$K$ は無次元係数、$B$ は堰幅、$H$ は堰での水深である。あらかじめ流量 $Q$ と水深 $H$ の観測からこの定数を求めておけば、水深から流量を知ることができる。

実務では、この考え方を河川に拡大して利用し

$$Q = aH^b \quad (4.6)$$

の関数を用いて流量を求めることが多い。ここで、$a$ と $b$ は定数であり、最小

**図 4.8** 水位観測所

---

> **コラム**
>
> **エジプトの水位観測**
>
> エジプトはナイルの賜物(たまもの)。ナイル河は古代からエジプト人に肥沃(よく)な土地を提供してきました。そのため古代エジプト人のナイル河の洪水に対する関心は高く、驚くほど古くから水位観測がなされてきました。古代碑の破片には紀元前3500〜3000年のものがあります。ナイル河の記録のうち、最も長く続けられたものは、カイロ近くにあるロダのナイロメータで、最高・最低水位は641年から1890年まで記録されています。645年は日本で大化の改新が行われた年です。
>
> 紀元前1世紀頃にはカイロの上流のメンフィスに洪水の監視塔を建てて、水位上昇が大きい場合に下流へ知らせる早期警戒システムを構築していました。
>
> （出典）アシット・K. ビスワス：水の文化史，文一総合出版（1979）[2]

二乗法で求める。ただし，低水路と高水敷からなる複断面水路[†1]の場合には，水位によって定数$a$と$b$を変更する必要がある。

## 4.3 流出モデル

### 4.3.1 流出モデルの分類

流出モデルとは，雨量を入力値として，流出量を求める関数体系のことである。その関数は，できるだけ多くの水文過程を正確に表現しようとする**物理モデル**（physical model）と数学的に表現しようとした**概念モデル**（conceptual model）に分類される。また，モデルの定数（パラメータ）を流域内で均一とする**集中型モデル**（lumped model）と，空間分布を考える**分布型モデル**（distributed model）に分類することもできる[†2]。しかし，一般的には流出モデルをこのように単純に区別することはできないことが多い。例えば，いくつかの水文過程を考慮したモデルの場合，地下水流は集中型概念モデルで，表面流は分布型物理モデルで表現されることがある。

### 4.3.2 合理式

洪水対策では，ピーク流量（尖頭流量）[†3]を知ることが大事である。ピーク

---

[†1] 図4.9に示すように，大きな河川の一般的な横断面構造は，堤防に囲まれた堤外地と居住地側の堤内地に分けられ，堤外地は普段流れる低水路と洪水時に流れる高水敷に分けることができる。

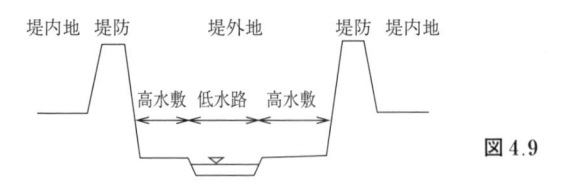

図4.9

[†2] 雨量$r$によって流出量$Q$を関数で表現すると，集中型モデルでは，$Q(t) = f(r(t))$，分布型モデルは$Q(t) = f(r(t,x,y)) = f(r(t,1,1), r(t,1,2), \cdots)$と表記できる。ここで$t$は時間，$x, y$は空間座標である。

[†3] ある期間の最大流量をピーク流量という。

## 4.3 流出モデル

流量を知るために最も簡単な式は

$$Q_{peak} = CrA \tag{4.7}$$

である。ここで，$Q_{peak}$ はピーク流量〔m³/s〕，$r$ は降雨量〔m/s〕，$A$ は流域面積〔m²〕，$C$ は**流出係数**（runoff coefficient）である。この式は，雨が降り続けた場合，すべての降雨量 $rA$ が係数 $C$ の割合でピーク流量になることを表している（**図 4.10**）。この式を**合理式**（rational method），または物部(もの)式や洪水尖頭流量公式(のべ)という。

一般に使われる観測単位を用いれば

$$Q_{peak} = \frac{1}{3.6} CrA \tag{4.8}$$

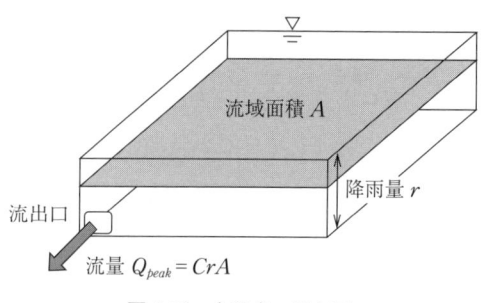

**図 4.10** 合理式の概念図

と表記できる。ここで，$Q_{peak}$, $r$, $A$ の単位はそれぞれ m³/s, mm/hr, km² である。物部によれば，**表 4.1** のように流出係数 $C$ が与えられている[3]。

現在使われる合理式を初めてマルバニーが提案したのは 1852 年であり，それほど過去のことではない[2]。水理学の開水路の平均流速公式が 1700 年代に

**表 4.1** 日本の合理式における流出係数

| 流域の状況 | 流出係数 |
|---|---|
| 急峻な山地 | 0.75 〜 0.90 |
| 三紀層山地 | 0.70 〜 0.80 |
| 起伏がある土地および樹林 | 0.50 〜 0.75 |
| 平坦な耕地 | 0.45 〜 0.60 |
| 灌漑(かんがい)中の水田 | 0.70 〜 0.80 |
| 山地河川 | 0.75 〜 0.85 |
| 平地河川 | 0.45 〜 0.75 |
| 流域の半ば以上が平地である大河川 | 0.50 〜 0.75 |

多く発表されているのに比べると，単純な式であるにもかかわらずたいへん遅い．合理式では流量の時間変化を知ることができず，ハイドログラフを描けないが，ピーク流量を簡易に知ることができるので，住宅地や造成地の排水設計などに利用される．

### 4.3.3 単位図法

ハイドログラフを知るためには，流量の時系列データが必要である．コンピュータが発達していない時期には，単位降雨†に対するハイドログラフを作成しておき，この図を降雨の継続時間や強度に応じて引き延ばしたり，重ねたりして流量を予測する方法が考えられた．この単位降雨に対するハイドログラフのことを**単位図**（unit hydrograph）という．

単位図の理論は1932年にシャーマンによって唱えられた[4]．**単位図法**（unit hydrograph method）は，以下の仮定によって適用される．

① 単位降雨の$\alpha$倍の強度の降雨によるハイドログラフは，単位図を$\alpha$倍した形状になる（比例の仮定）．

② 単位降雨により発生するハイドログラフの経過時間（基底長）は，降雨強度にかかわらず一定である（基底長一定の仮定）．

③ 任意のハイエトグラフに対する合成ハイドログラフは，①と②の仮定によって作成された各降雨のハイドログラフを算術的に加えたものに等しい（合成の仮定）．

これらの仮定は図4.11のように示される．

単位図を事前に得ておけば，観測された降雨量に基づいて逐次作成されたそれぞれのハイドログラフを合成して流出量を予測できる．

この方法はアメリカで発展し，一般に2000平方マイル以下の流域で適合性がよいとされている[5]．日本では降雨パターンや地形が複雑なので，さらに小さい流域に適用するのがよいとされる．

---

† 1 mm/day や 10 mm/day など，ハイドログラフを作成するために使われる最も基本的な降雨．

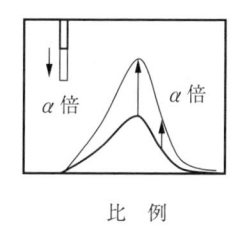

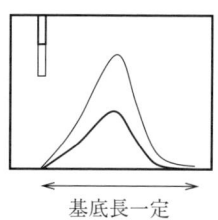

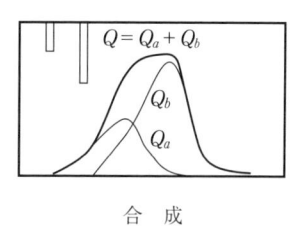

図 4.11 単位図法の仮定

### 4.3.4 応答関数

コンピュータが発展すると，単位図を関数で描画することが可能になった。単位図を関数で表現すると，つぎのようになる。

$$q(t) = h(t) \tag{4.9}$$

$q$ は単位降雨イベントに対する流量，$h$ は単位図であり，時間 $t$ によって変化する流量を表現している。比例の仮定から降雨量を乗じると，その降雨量に対するハイドログラフが作成される。1降雨イベントのハイドログラフは

$$q(t) = r(t)h(t) \tag{4.10}$$

と表現できる。ここで，$r$ は降雨量であり，時間 $t$ で変化する。この式は，流出期間が同じ，すなわち基底長も同じことを意味する。ここで，ある時刻 $t_1$ の降雨 $r_1$ に対する時刻 $t$ の流量は

$$q(t) = r_1 h(\tau_1) = r(t_1) h(t-t_1) = r(t-\tau_1) h(\tau_1) \tag{4.11}$$

である。時間 $\tau_1$ は $r_1$ が発生した時刻 $t_1$ から流量 $q$ の観測時刻 $t$ までに経過した時間である。これが1降雨イベントに対するハイドログラフであり，実際のハイドログラフは，現在時刻 $t$ から無限大時刻まで過去をさかのぼったさまざまな降雨イベントによって構成される。つまり，合成の法則はつぎのようになる。

$$\begin{aligned} Q(t) &= r(t_1) h(t-t_1) + r(t_2) h(t-t_2) + \cdots \\ &= r(t-\tau_1) h(\tau_1) + r(t-\tau_2) h(\tau_2) + \cdots \end{aligned} \tag{4.12}$$

この離散的表現を，積分表記によって連続関数で表記すると

$$Q(t) = \int_0^\infty r(t-\tau) h(\tau) d\tau \tag{4.13}$$

となる．ここで

$$h(\tau) = \int_0^\infty h(\tau) d\tau = 1 \tag{4.14}$$

であり，これは1降雨イベントに対するハイドログラフ（単位図）である条件を示している．

**応答関数**（pulse response function method）による流出の表現は，物をたたいた際の音の発生原理と同じである．時刻 $t$ の音は，時間 $\tau$ だけ前にたたいて発生させた音の合成である．たたいた時刻が $t-\tau$ で，たたいた強さが $r$ である．あるパルス（たたき）に対する応答（波）の合成が流出なので，式 (4.13) を応答関数と呼ぶ．または式 (4.13) の積分のことを**たたみこみ積分**（convolution）という．たたみこみ積分は単位図法と同じ概念である．

単位図 $h(\tau)$ は分布関数[†]で与えることが多い．対称性が強いときは正規分布関数を用いるが，流出にはガンマ分布関数を用いることが多い．

### 4.3.5 貯留関数法

実際のハイドログラフを見ると，指数関数的に流量が増加・減少していくさまがわかる．この流出パターンをタンクからの流出と考えて表現したのが，木村の**貯留関数法**（storage function method）と菅原のタンクモデル（4.3.6 項参照）である．

ベルヌイの式（付録の付 4.1.3 参照）より，タンクからの流出量はタンク内の水深（貯留量）とべき乗の関係があるので

$$S = kQ^p \tag{4.15}$$

と表記できる．$S$ は流域の貯留量，$Q$ は流出量，$k$ と $p$ は係数である．これを木村の貯留関数という．流域の貯留量は，連続の式[†2] から

---

[†] 分布関数については 7 章で詳しく述べるが，ここでいう分布関数は，正確には確率密度関数のことである．
[†2] 付録の付 4.1 参照．質量保存則ともいう．

$$\frac{dS}{dt} = r - Q \tag{4.16}$$

で与えられる．ここで，$r$ は降雨量である．式 (4.16) に貯留関数式 (4.15) を代入すると

$$\frac{d}{dt}(kQ^p) = r - Q, \qquad kpQ^{p-1}\frac{dQ}{dt} = r - Q$$

$$\frac{dQ}{dt} = \frac{1}{kp}(r - Q)Q^{1-p} \tag{4.17}$$

を得る．この式は数値的に解くことができる．差分表記をすると

$$\frac{Q_2 - Q_1}{\Delta t} = \frac{1}{kp}(r_1 - Q_1)Q_1^{1-p}$$

すなわち

$$Q_2 = \frac{\Delta t}{kp}(r_1 - Q_1)Q_1^{1-p} + Q_1 \tag{4.18}$$

となる．下付きの1と2は時刻差 $\Delta t$ を挟んだ前後の時刻を表しており，前の時刻の流量 $Q_1$ と降雨 $r_1$ がわかれば後の時刻の流量 $Q_2$ が算定される．

木村は，日本各地で貯留関数を調べ

$$S = 40.3\,Q^{0.5} \tag{4.19}$$

を得た[6]．ここで，$S$ と $Q$ の単位はそれぞれ，mm，mm/hr である．降雨初期においては有効雨量を用いることが推奨されている．

貯留関数法は，その簡便さと流量予測の適合性から多くの河川の治水計画や利水計画に利用されており，日本で最も汎用的な流出モデルといえる．

### 4.3.6 タンクモデル

木村とは別途に流出量が流域の貯留量に関係すると考えた菅原[7]は，**タンクモデル** (tank model) と呼ばれるモデルを提案した（概念がタンクからの流出に似ているため，そのように呼ばれる）．最終的には**図4.12**に示す4段タンクモデルが完成した．各タンクからの流出量 $q_i$ はタンクの貯留高 $S_i$ と排水口の

浸透量　$I_i = \lambda S_i$

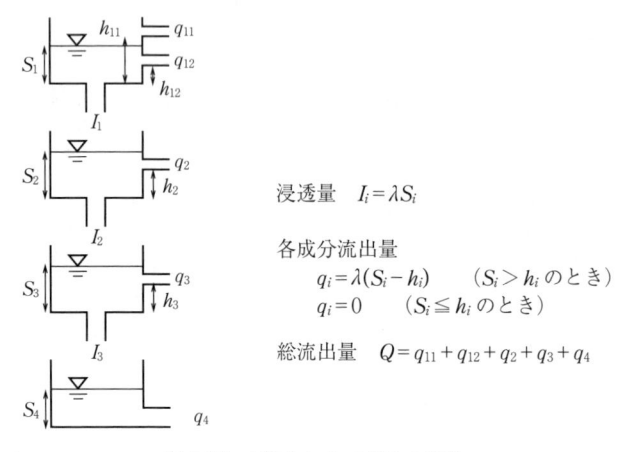

各成分流出量
$q_i = \lambda(S_i - h_i)$ 　($S_i > h_i$ のとき)
$q_i = 0$ 　　　　　　　($S_i \leq h_i$ のとき)

総流出量　$Q = q_{11} + q_{12} + q_2 + q_3 + q_4$

**図 4.12**　4 段タンクモデルの構造

高さ $h_i$ の差に比例する．各流出口からの流出量を，それぞれ上から順に，速い洪水流，遅い洪水流，速い中間流，遅い中間流，基底流の 5 成分に区分することもある．一つの流出成分は貯留高と排水口高の差の線形関数で表現されているが，四つのタンクの流出量和によって全体的には非線形な流出モデルとなる．蒸発散や雪の過程を設けるため，さらに 1 段のタンクを付けることもしばしば見られる．その適合度の良さから，本来の菅原のタンクモデルから派生したさまざまなタンク型モデルが提案されている．

タンクモデルは長期流出，短期流出ともによい精度を発揮する．1974 年に実施された**世界気象機関**（World Meteorological Organization，**WMO**）主催の流出モデルの相互比較では最良と評価された[8]†．しかし，最も高い性能とされる 4 段タンクモデルは 12 個のパラメータと 4 個の初期値を持ち，これを同定することは簡単ではない．さまざまな理論的なパラメータ同定法が提案されたが，どれも容易な方法ではないので，タンクモデルは必ずしも実務においてよく利用されるわけではない．

---

†　公式文書には書かれていないが口頭報告された．

## 4.3.7 キネマティックウェイブモデル

図4.13のように流域を空間的に細かく分けて，その一つ一つの小流域またはメッシュ[†1]の中の水の動きを計算した後，下流へ水を伝えていけば分布型流出モデルを構成することができる．

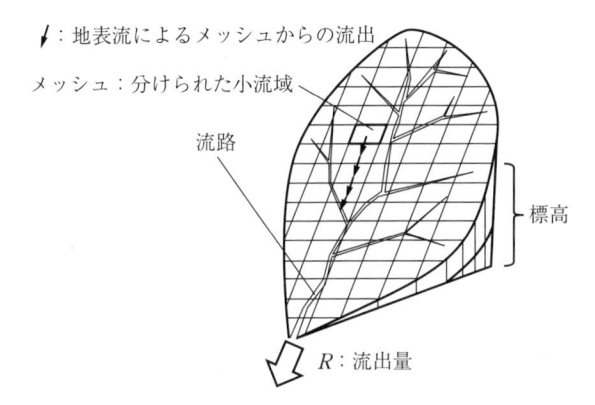

**図4.13** 分布型流出モデルの概念図

つまり，メッシュごとに降雨，浸透，蒸発散，表面流出等の水文過程を解析的に記述して，表面流または地中流の水の量を下流に伝え，その下流のメッシュで再度，水文過程を計算して，より下流に伝えることを全メッシュで行えばよい．集中型流出モデルに比べて計算負荷が大きくなるので，高速のコンピュータが必要となる．

この下流へ伝える方法の一つが**キネマティックウェイブモデル**（kinematic wave model）である．キネマティックウェイブは1方向に進む波であり，下流へのみ水が伝播（でんぱ）する．下流への水の伝わり方は，連続の式（質量保存式）で表現することができる．表面流の連続の式は

$$\frac{\partial A}{\partial t} + \frac{\partial Q}{\partial x} = q_b \qquad (4.20)$$

と表現できる．ここで，$Q$は流量，$A$は流水断面積，$q_b$は単位幅横流入量[†2]

---

[†1] 数値地図や衛星画像などのように，空間または写真を刻んだ1区画をメッシュまたはグリッドセルという．空間分解能はメッシュ1辺の長さで表す．

[†2] 河道のわきから入る流量である．降雨量もこれに含めることができる．

であり，$x$ 方向に流下する．いま，メッシュの幅が単位長さで，横流入量がないとすると，単位幅流量 $q$ と水深 $h$ によって

$$\frac{\partial h}{\partial t} + \frac{\partial q}{\partial x} = 0 \tag{4.21}$$

と書き改められる．この式を離散的に記述すると

$$\frac{h_1^2 - h_1^1}{\Delta t} + \frac{q_2^1 - q_1^1}{\Delta x} = 0 \tag{4.22}$$

となる．上付き数字は時間，下付き数字は場所を表している．式 (4.22) の第1項は時間による水深の変化率を，第2項はメッシュ内の上下流間の流量変化率を表現している．つまり，上流から入った量と下流から出た量の差が，単位時間当りにその地点に貯留された水の高さとなる．これは，メッシュ内の水収支を表していることにほかならない．

表面流の平均流速を表現するために，以下の**マニングの式**[1] (Manning's formula) がよく用いられる．

$$v = \frac{1}{n} h^{\frac{2}{3}} I^{\frac{1}{2}} \tag{4.23}$$

ここで，$v$ は流速，$n$ はマニングの粗度係数，$I$ は水路床勾配である．単位幅流量は

$$q = vh = \frac{1}{n} h^{\frac{5}{3}} I^{\frac{1}{2}} \tag{4.24}$$

となる[2]．これを式 (4.21) に代入すると

$$\frac{\partial h}{\partial t} + \frac{\partial q}{\partial x} = 0, \qquad \frac{\partial h}{\partial t} + \frac{\partial}{\partial x}\left(\frac{1}{n} h^{\frac{5}{3}} I^{\frac{1}{2}}\right) = 0$$

$$\frac{\partial h}{\partial t} + \frac{5}{3}\frac{1}{n} h^{\frac{2}{3}} I^{\frac{1}{2}} \frac{\partial h}{\partial x} = 0$$

$$\frac{\partial h}{\partial t} + \frac{5}{3} v \frac{\partial h}{\partial x} = 0 \tag{4.25}$$

---

[1] 開水路の平均流速を求める経験公式である．等流（水深は流れ方向に一定）の場合に用いられる．粗度係数 $n$ は河床や河岸と流れとの摩擦，つまり河床や河岸の粗さを表現している．

[2] 水路断面の形が幅広長方形の場合，式 (4.24) の形になる．河道や氾濫流などの場合はこの仮定でよいとされる．

となる[†1]。この式は一般形として

$$\frac{\partial h}{\partial t} + C\frac{\partial h}{\partial x} = 0$$

で表記される1階の波動方程式であり，$C$ は波速である。洪水は波の性質を持つ。つまり，キネマティックウェイブでは洪水波が速度 $5v/3$ で下流に伝わることになる[†2]。分布型モデルでは，各メッシュにおいて，勾配と粗度から求められる波速 $C$ で下流へと $h$ の変化が伝達される。このような伝播特性を表す法則をクライツ・セドン則ともいう。

キネマティックウェイブモデルは，地形勾配の大きい流域で用いられる。勾配が緩やかな地域では，洪水波は上下流に伝わるので，2階偏微分方程式の波動方程式であるダイナミックウェイブモデルや拡散モデルが用いられる（付録の付 4.3 参照）。木下によると目安として，$I > 1/1\,000$ のときにキネマティックウェイブモデルを使うとよいとされている[†3]。

### 4.3.8 流出モデルの性能評価

観測流量に対する推測流量の誤差を調べることによって流出モデルの性能を評価できる。利用しようとする流出モデルがどの程度，実際に観測されたハイドログラフを再現できるかを知るためである。しかし，河川堤防の設計のための洪水流量推定なのか，水資源計画のための低水流量推定なのか，それとも年間流量変動を知るためなのか等の利用目的に応じて，用いる誤差評価方法が異なる。

〔1〕 **二乗平均平方根誤差**　観測流量 $Q_{obs}$ とモデル流量 $Q_{cal}$ との全体の誤差を知るために用いる。**RMSE**（root mean square error）と表記されることもある。二乗平均平方根誤差 $RMSE$ は次式で与えられる。

---

†1　この波速は幅広長方形水路の場合であり，放物線形では波速は流速の $13/9$ 倍になる。また，マニングの式でなく，他の流速公式によっても異なる値を持つ。
†2　海の波の場合だけでなく，川の場合も洪水のピークは流速ではなく，波速で下流に伝わる。
†3　$1/3\,000 < I < 1/1\,000$ の場合は拡散モデル式が，$I < 1/3\,000$ の場合はダイナミックウェイブモデルがよいとされている[9]。

$$RMSE = \sqrt{\frac{1}{N}\sum_{i=1}^{N}(Q_{obs\,i} - Q_{cal\,i})^2} \qquad (4.26)$$

ここで，$i$ は時間軸上の順番である．RMSE は，低水流量と洪水流量の差が大きい場合，洪水流量の評価に適している．

〔2〕**相 関 係 数**　相関係数（correlation coefficient）$R_r$ は，観測値全体波形（ハイドログラフの形）の適合度を確認するのに適している．後述の時系列解析ではよく利用される．

$$R_r = \frac{\sum_{i=1}^{N} Q_{obs\,i} Q_{cal\,i}}{\sum_{i=1}^{N} Q_{obs\,i}^{\,2}} \qquad (4.27)$$

相関係数 $R_r$ が 1 の場合，誤差は 0 であり，$R_r$ が 0 の場合に実績値と推定値の相関性が最も低い．流量を対象とする場合は，負の値をとることはない．

〔3〕**ナッシュ・サトクリフ効率係数**　略してナッシュ係数や NS 係数ともいう．**ナッシュ・サトクリフ効率係数**（Nash Sutcliffe efficiency coefficient）$NS$ は，流出モデルを評価する際によく利用される．

---

**コ ラ ム**

**江，河，川，河川**

　どれも川の意味です．もともとの漢字では，大きな川について江や河を用いています．中国の北方の川を河と記述し，南方の川を江と称する傾向にあります．川は明治以降に日本で一般に使われるようになりました．中国では水路や溝のような意味になります．日本ではさらに上流の小さい川を沢とも呼びます．河川はすべての川に対して用います．川全般を取り扱うもっとも大きな法律は河川法といいます．

　1 級河川は国土交通省が管轄する川であり，2 級河川は都道府県が，準用河川は市町村が管理し，これら以外の川を普通河川といいます．同じ川でも管轄が異なれば違った区分になることがあります．

　ゆく河の流れは絶えずして，しかももとの水にあらず．(方丈記　鴨長明)

$$NS = 1.0 - \frac{\sum_{i=1}^{N}(Q_{obs\,i} - Q_{cal\,i})^2}{\sum_{i=1}^{N}(Q_{obs\,i} - \overline{Q_{obs}})^2} \qquad (4.28)$$

ここで，$\overline{Q_{obs}}$ は観測値の平均流量になる．平均流量を基準に比較しているので，公平に洪水流量と渇水流量を評価できるが，極値の適合度を評価するときには注意を要する．

〔4〕 **その他の評価量**　観測データと計算データを比較する評価量としては，〔1〕～〔3〕以外にも下記のものがある．

$$PMC = \frac{\sum_{i=1}^{N}(Q_{obs\,i} - \overline{Q_{obs}}) \times (Q_{cal\,i} - \overline{Q_{cal}})}{\left\{\sum_{i=1}^{N}(Q_{obs\,i} - \overline{Q_{obs}})^2\right\}^{1/2} \times \left\{\sum_{i=1}^{N}(Q_{cal\,i} - \overline{Q_{cal}})^2\right\}^{1/2}} \qquad (4.29)$$

$$IOA = 1.0 - \frac{\sum_{i=1}^{N}(Q_{obs\,i} - Q_{cal\,i})^2}{\sum_{i=1}^{N}(|Q_{cal\,i} - \overline{Q_{obs}}| + |Q_{obs\,i} - \overline{Q_{obs}}|)^2} \qquad (4.30)$$

$PMC$ はピアソンモーメント係数であり，$IOA$ はウィルモットの一致係数である．計算方法がやや複雑であるため，利用頻度は相関係数や NS 係数より低い．

　新たなモデルの精度は，過去のモデルの結果と比較することによって確かめられるため，一部の評価量に偏る傾向がある．

## 演習問題

〔4.1〕 図 4.14 に示す三角堰の流量 $Q$ が，堰部での越流水深 $H$ の $5/2$ 乗に比例することを示せ．

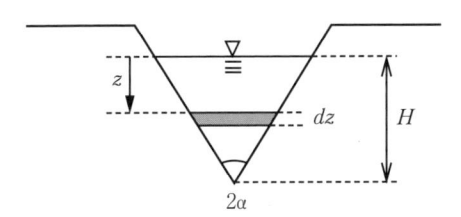

図 4.14

〔**4.2**〕 貯留関数法を使い，任意の流域の降雨データを用いて流出解析をせよ。

〔**4.3**〕 キネマティックウェイブモデルでは，幅広長方形断面水路の場合，波速が流速の5/3倍になった。三角形水路の場合に4/3倍になることを確かめよ。

〔**4.4**〕 以下の川の一般名を示せ。
（1） 紅河　　　　　　（2） 怒江　　　　　　（3） 瀾滄江

# 5章　地中流出

### ◆本章のテーマ

　地下水は河川よりも優れた水資源である場合がある。地下水と土壌水の特徴について学ぶ。土壌層の区分や土壌水分の表記方法の基礎事項を説明する。地下水と土壌水，飽和と不飽和の区別，それぞれの流れの特徴，ダルシー式，リチャーズ式の物理過程を解説し，さまざまな地中の流れについて理解するようにする。その上で，地下水資源の開発や管理の基礎知識を述べる。

### ◆本章の構成（キーワード）

5.1　地中流の成分
　　　飽和・不飽和，パイプ流，A層，B層
5.2　飽和流
　　　不圧地下水，被圧地下水，ダルシー式
5.3　不飽和流
　　　リチャーズ式，$K$-$\theta$関係，土壌水分特性曲線
5.4　浸透
　　　ホートン式，フィリップ式
5.5　地中流の観測
　　　テンシオメーター，定水位法
5.6　地下水資源の問題
　　　カナート，地盤沈下

### ◆本章を学ぶと以下の内容をマスターできます

- 土壌中の水の区分や特性量
- 地下水と土壌水，飽和と不飽和の区別，地中流の特徴
- ダルシー式，リチャーズ式と地中の流れ
- 地下水資源の開発や管理

# 5. 地中流出

## 5.1 地中流の成分

### 5.1.1 土壌水分

多くの人は地面下にある水分のことを地下水と認識しているが，水文学において厳密には，地下水は地下の水分のことではない。地下の水分には飽和の状態と不飽和の状態があり，飽和の状態を**地下水**（ground water）といい，不飽和の状態を**土壌水**（soil water）という。

土壌中の各相（気体，液体，固体）の構成は**図5.1**のようにモデル化することができる。気体，液体，固体の体積をそれぞれ $V_a$, $V_w$, $V_s$, 質量をそれぞれ $m_a$, $m_w$, $m_s$ とし，土粒子以外の部分の間隙の体積を $V_v$ とする。

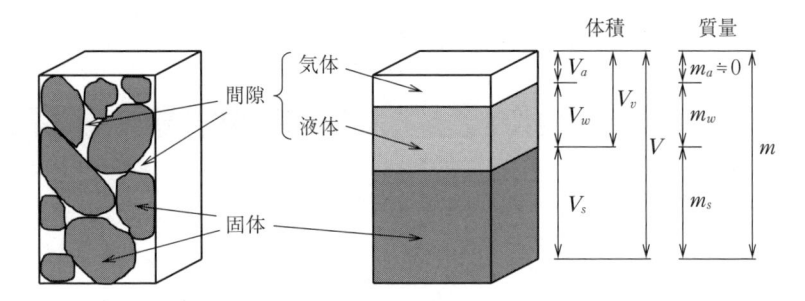

**図 5.1** 土壌の構成と各相の体積

土の密度や水分の状態を表すには，以下にように定義される**間隙比**（void ratio）$e$ や**間隙率**（porosity）$n$，**含水比**（moisture content, water content）$w$，**体積含水率**（water content by volume）$\theta$，**飽和度**（degree of saturation）$S_r$ が用いられる。

$$e = \frac{V_v}{V_s} \tag{5.1}$$

$$n = \frac{V_v}{V} \times 100 = \frac{V_v}{V_v + V_s} \times 100 \tag{5.2}$$

普通，間隙率は％で表示する。地盤沈下のように土が圧縮される場合，間隙率は分母・分子ともに変化するので，計算に不便である。そのため一般には分

母が一定の間隙比がよく用いられる。式 (5.1) と (5.2) から

$$1+e = \frac{V_v + V_s}{V_s} = \frac{V}{V_s}$$

$$\therefore \quad \frac{e}{1+e} = \frac{V_v}{V} = \frac{n}{100} \quad \text{または} \quad e = \frac{n}{100-n} \tag{5.3}$$

のように，間隙比と間隙率の関係が導かれる。

体積 $V$ の土壌に含まれる土粒子および水分の質量をそれぞれ $m_s$ と $m_w$ とすると，含水比 $w$ は次式で定義される。

$$w = \frac{m_w}{m_s} \times 100 \tag{5.4}$$

含水比は％で表記される。また，水文学では土壌水分を表記するために，体積含水率がよく使われる。体積含水率 $\theta$ は

$$\theta = \frac{V_w}{V} \tag{5.5}$$

で与えられ，ある領域内の体積水分割合を表している。

土壌の間隙は液体と気体で構成され，この液体が間隙を占める割合を飽和度という。飽和度 $S_r$ はつぎのように表現できる。

$$S_r = \frac{V_w}{V_v} \times 100 \tag{5.6}$$

**地下水面**（water table）以下において間隙は飽和しており，この水分の部分を地下水という。しかし，地下水面上にある間隙もある高さまでは飽和している（**図 5.2**）。これは表面張力や物理化学作用によって地下水面から吸い上げられたためである。この部分を**飽和毛管水帯**（saturated capillary water zone）または**毛管水縁**（capillary fringe）という。このように間隙水にはさまざまな作用力が働く。

作用力による水の区分は**表 5.1** のとおりである。**自由水**（free water）は**重力水**（gravitational moisture）とも呼ばれ，重力の作用で水が移流する。毛管水は，毛管現象と呼ばれる表面張力によって間隙内に薄膜状に存在する水分をいう（付録 5 参照）。毛管水は重力の影響も受けている。土粒子に付着してい

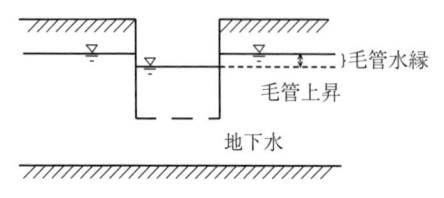

**図 5.2** 土壌の構成と各相の体積

**表 5.1** 地中水の作用力

| 種類 | おもな作用力 |
|---|---|
| 自由水 | 重力 |
| 毛管水 | 表面張力および重力 |
| 吸着水 | 物理化学的作用 |

るイオンに吸着されている水が吸着水であり，薄片状のコロイドの表面に薄いフィルム状となって密着しているため，吸着力はたいへん強い。吸着水の物理性質は，普通の水とはまったく異なるため，高温を加えたような場合に初めて除去される。

### 5.1.2 土　壌　層

土壌の鉛直断面は図 5.3 のように地層[†1]をなしており，その断面を**土層断面**（soil profile）といい，最上部は風化が最も進んで多くの有機物を含む。このような土層を **A 層**（A-horizon）または表土という。A 層の中でも腐食化した有機物が混ざった層を A1 層，構成成分の有機物が溶脱[†2]した層を A2 層という。A 層の下の有機物が少ないかまったくない層を **B 層**または下層土という。さらに下層の，土壌の風化の程度が少ない部分を **C 層**または基層という。これらの土層の上に落ち葉や枝を主とする有機物が堆積した **O 層**（organic horizon）が存在することもある。この O 層はさらにその腐食の度合いから L 層（litter horizon リター層），F 層（decomposing litter horizon：腐葉層），H 層（well decomposing litter horizon：腐植層）に分けることもある。

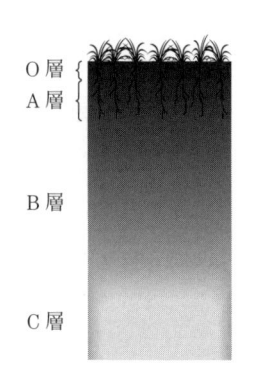

**図 5.3** 土層断面

---

[†1] 堆積によって生じた定積土のような場合の層を**層位**（horizon）といい，水などの力によって運搬された後，堆積した層を**層理**（bedding）という。

[†2] 浸透した水によって溶解性物質が抜け出すこと。

## 5.2 飽和流

### 5.2.1 不圧地下水と被圧地下水

地下水は自由水面を持つ**不圧地下水**または**自由地下水**（unconfined groundwater）と，不透水層に挟まれて圧力を受けている**被圧地下水**（confined groundwater）に分けることができる（**図5.4**）。山岳域や斜面域にある被圧地下水では，高度差によって高い圧力を受けていることがあり，自噴する泉を見ることができる。また，地下水を帯びている層を**帯水層**（aquifer）という。地表面から多くの水が浸透する地域を**涵養域**（recharge area）という。

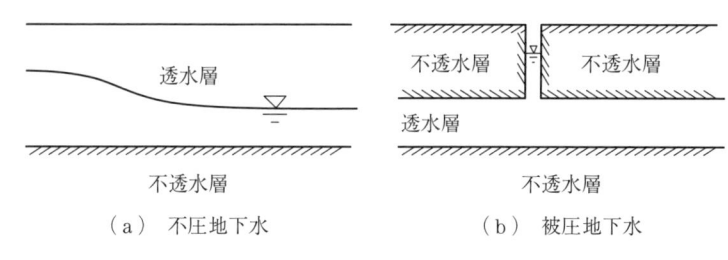

図5.4 不圧地下水と被圧地下水（斜線部は浸透しない）

### 5.2.2 ダルシー式

地中水が飽和して存在している場合，重力による流動が卓越する。この流動の表記方法の一つとして，**ダルシーの法則**（Darcy's law）がある。地中水の運動式の多くはダルシー式に基づいている。ダルシー式は，**図5.5**のような流路では以下のように記述される。

図5.5 飽和流

$$Q = K_s A i = -K_s A \frac{dh}{dx} \tag{5.7}$$

ここに，$Q$は流量〔m³/s〕，$A$は流水断面積〔m²〕，$i$は動水勾配，$dh$は水頭差[†1]〔m〕，$dx$は流水距離〔m〕，$K_s$は飽和透水係数〔m/s〕を表す。透水係

数は慣習的に cm/s で表記されることが多い。間隙内を水は通過するため，式 (5.7) より流速が

$$v_s = \frac{Q}{A_v} = K_s i \frac{A}{A_v} = \frac{1}{n} K_s i \tag{5.8}$$

のように表記される。ここで，$A_v$ は空隙断面積，$n$ は式 (5.2) で定義された間隙率である。この流速 $v_s$ は，土粒子内を流れる真の流速である。一方

$$v = \frac{Q}{A} = -K_s \frac{dh}{dx} = K_s i \tag{5.9}$$

と表記される流速 $v$ は，土壌中の流水断面全体を通過する見かけの流速である。

**透水係数**（hydraulic conductivity）は，土壌粒子の粒径や形状，配列によって異なる定数である。各種の土に見られる飽和透水係数の目安を**表5.2**に示す。

表5.2 飽和透水係数の概略値

| 粒径 [mm] | 0 〜 0.01 | 〜 0.05 | 〜 0.10 | 〜 0.25 | 〜 0.50 | 〜 1.0 | 〜 5.0 |
|---|---|---|---|---|---|---|---|
| 名　称 | 粘土 | シルト | 微細砂 | 細砂 | 中砂 | 粗砂 | 小砂利 |
| $K_s$ [cm/s] | $3.0 \times 10^{-6}$ | $4.5 \times 10^{-4}$ | $3.5 \times 10^{-3}$ | $1.5 \times 10^{-2}$ | $8.5 \times 10^{-2}$ | $3.5 \times 10^{-1}$ | 3.0 |

土壌内の流速が大きいと土粒子は移動してしまい，土壌内に流れの道（**水みち**：pipe）ができ[2]，ダルシー式が成立しなくなる。ダルシー式は

$$R_e = \frac{vd}{\nu} \tag{5.10}$$

の値が 1〜10 より小さいときに適用が可能といわれる[1]。ここで，$d$ は土粒子の平均粒径，$\nu$ は水の動粘性係数である。この $R_e$ を**レイノルズ数**（Reynolds number）といい，ダルシー式が適用可能な上限のレイノルズ数を**限界レイノルズ数**[3]（critical Reynolds number）という。限界レイノルズ数を超える地下水流については

---

[1] 圧力を高さで表記したものを水頭 $h$ という。水の密度を $\rho$ として，圧力 $P = \rho g h$ の関係がある。
[2] 土壌内の水みちの流れを**パイプ流れ**（pipe flow）という。また，水みちができることをパイピングという。
[3] 層流と乱流を区分する限界レイノルズ数とは異なる。

$$i = -\frac{dh}{dx} = av + bv^2 \tag{5.11}$$

の抵抗則が成り立つといわれている。ここに，$a$ と $b$ は定数である。

### 5.2.3 ポテンシャル流

図 5.6 のような透水性の土壌に矢板を打ち込み，片側に貯水し，土壌中の水の流れを眺める。上流側には水圧（ゲージ圧）がかかり，下流では解放されるため，土壌中では，流れ方向の距離 $dh$ の水頭差が生じる。すると，2 次元のダルシー式から $x$ 方向，$y$ 方向の流速は

$$v_x = K_s i_x = -K_s \frac{dh}{dx} \tag{5.12}$$

$$v_y = K_s i_y = -K_s \frac{dh}{dy} \tag{5.13}$$

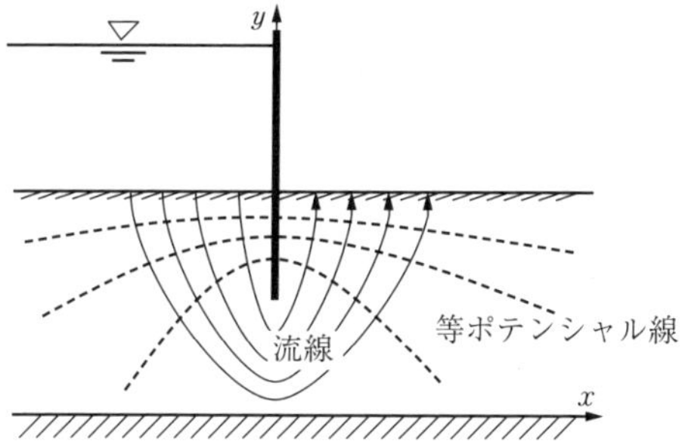

**図 5.6** 矢板周りの地下水流れの概念図

となる。ここでは，$x$，$y$ 方向に同じ飽和透水係数 $K_s$ を持つ**等方均質**[†1] (isotropic homogeneous) 状態を仮定している。また，各点での連続式（水収支式）は

$$\frac{\partial v_x}{\partial x} + \frac{\partial v_y}{\partial y} = 0 \tag{5.14}$$

となる[†2]。式 (5.14) にダルシー式 (5.12)，(5.13) を代入すると

$$\frac{\partial}{\partial x}\left(K_s \frac{\partial h}{\partial x}\right) + \frac{\partial}{\partial y}\left(K_s \frac{\partial h}{\partial y}\right) = 0 \tag{5.15}$$

を得る。ここで，$\Phi = K_s h$ で定義される速度ポテンシャル $\Phi$ を用いると

---

[†1] 透水係数が，各方向に同じ性質を**等方性** (isotropic)，方向によって異なる性質を**異方性** (anisotropic) という。異方性は**非均質** (heterogeneous) な土壌で見られる。

[†2] 離散的に表記すると，単位幅流量が $q$ なら，$q_x/\Delta x + q_y/\Delta y = (\Delta v_x/\Delta x)\Delta y + (\Delta v_y/\Delta y)\Delta x = 0$ である。正方領域を考えると $\Delta x = \Delta y$ である。

$$\frac{\partial^2 \Phi}{\partial x^2} + \frac{\partial^2 \Phi}{\partial y^2} = 0 \tag{5.16}$$

となる．これはラプラスの式であり，粘性を無視できる完全流体[†1]の流れと同じポテンシャル流として地下水流が表現されることを示している．このとき，水の流れる軌跡である**流線**[†2]（stream line）を流れ関数 $\Psi$ で表現すると

$$\frac{d\Phi}{dx} = \frac{\partial \Psi}{\partial y}, \quad \frac{d\Phi}{dy} = \frac{\partial \Psi}{\partial x} \tag{5.17}$$

の関係があり[†3]，図5.6にこれを満たすように流線 $\Psi$ と等ポテンシャル線 $\Phi$ を記載することができる．

### 5.2.4 準一様流

被圧地下水のように圧力を持つ地下水流れは，例えば図5.6の地表面のように圧力が既知であり，ポテンシャル流れを解くことができる．しかし，不圧地下水は自由水面を持つので，ポテンシャル流れを簡単に解くことはできない．そのため，自由水面の勾配が緩やかな場合は，流れ方向が**図5.7**のように $x$ 軸に平行な流れ，つまり鉛直方向の流速が均一な流れを考える．このような仮想的な流れを，**デュピー**（Dupuit）の準一様流という．

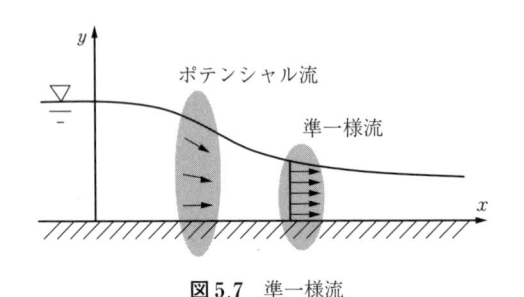

準一様流の場合，単位幅当りの流量 $q$ は

$$q = uh = -hK_s \frac{dh}{dx} \tag{5.18}$$

と表現できる[†4]．

**図5.7** 準一様流

---

[†1] 一般に水は，粘性を考慮した**粘性流体**（viscous fluid）で表現される．粘性がないと考える流体を**完全流体**（perfect fluid または ideal fluid）という．
[†2] 厳密には，流速ベクトルの包絡線が流線である．非定常流の場合，流線は流れの軌跡とならない．
[†3] この関係式を**コーシー・リーマン**（Cauchy-Riemann）の微分方程式という．このような関係にある二つの関数をそれぞれ共役関数という．

## 5.3 不飽和流

■ リチャーズ式

　地下水面より上の土壌は，土粒子間の毛管作用や吸着作用によって，重力以外の力を受けている。これらの力をすべて含めた水を移動させようとする力をまとめて圧力として取り扱うと，現象を簡単に考えることができる。つまり不飽和流を，ダルシー式（式 (5.9)）と同様に，以下の式を用いて表記する。

$$v_x = -K\frac{dh}{dx} \tag{5.19}$$

ここで注意を要するのは，不飽和透水係数 $K$ が飽和透水係数の $K_s$ とは異なる点である。飽和透水係数 $K_s$ は定数であるが，不飽和透水係数 $K$ は，毛管現象や吸着力が土壌の水分量に応じて変化するため，土壌水分に依存する。

　土壌水分は体積含水率 $\theta$ によって表現される。式 (5.5) を再掲すれば，体積含水率は図5.1に従い

$$\theta = \frac{V_w}{V} \tag{5.20}$$

で示され，ある領域内の体積水分の割合を表している。ある領域内の水分の収支式（連続式）は，**図5.8**に示す2次元座標系の場合，以下のように記述される。

$$\frac{\partial \theta}{\partial t} = -\frac{dv_x}{dx} + \frac{\partial v_z}{\partial z} \tag{5.21}$$

図5.8のように2次元の土壌内の全水頭を考える。このときの全水頭（水理水頭）は

$$h = \varphi - x\sin\omega + z\cos\omega \tag{5.22}$$

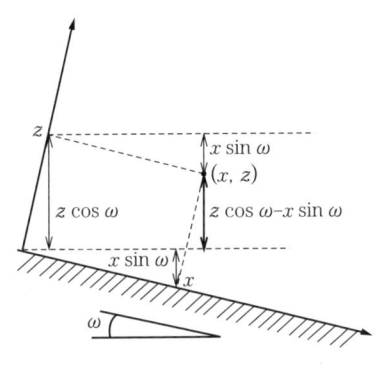

**図5.8** 土壌内の位置水頭（原点からの高さを表している）

---

†4　この式を上流側 $x=0$, $h=h_1$ の境界条件を用いて積分すると $h_1^2 - h^2 = (2q/K_s)x$ となり，一方，下流側 $x=l$, $h=h_2$ の境界条件を用いて積分すると $h_2^2 - h^2 = (2q/K_s)(x-l)$ となって一致しない。実際には，この2曲線に漸近するような水面形をとる。

と表記され，右辺第2項は$x$座標の位置水頭であり，第3項は$z$座標の位置水頭，$\varphi$は表面張力を含んだその他の圧力水頭である．図の場合，流下方向$x$とともに位置水頭は減少する．土壌水の圧力水頭は，負号を省略した場合，**吸引圧**（suction）と呼ばれ，その常用対数をとったpF（ピーエフ）値でしばしば表記する．

この2次元場について，式(5.21)式に式(5.19)，(5.22)を代入すると

$$\frac{\partial \theta}{\partial t} = \frac{\partial \theta}{\partial x} K\left(\frac{\partial \varphi}{\partial x} - \sin\omega\right) + \frac{\partial}{\partial z} K\left(\frac{\partial \varphi}{\partial z} + \cos\omega\right)$$

が導かれ，ここで，$C = d\theta/d\varphi$ を用いると

$$C\frac{\partial \varphi}{\partial t} = \frac{\partial}{\partial x} K\left(\frac{\partial \varphi}{\partial x} - \sin\omega\right) + \frac{\partial}{\partial z} K\left(\frac{\partial \varphi}{\partial z} + \cos\omega\right) \tag{5.23}$$

を得る．この式は変数$\varphi$についての偏微分方程式になっており，勾配$\omega$とともに$C$と$K$が得られれば$\varphi$を求めることができる．式(5.23)を**リチャーズ式**（Richards equation）という．また，$C$は**水分特性曲線**（moisture characteristic curve または imbibition curve）の勾配を表しており，**比水分容量**（specific moisture capacity）と呼ばれる．$C$および$K$は$\varphi$の関数として与えられる．鉛直浸透過程を表現する鉛直1次元のリチャーズ式は

$$C\frac{\partial \varphi}{\partial t} = \frac{\partial}{\partial z} K\left(\frac{\partial \varphi}{\partial z} + 1\right) \tag{5.24}$$

となる．

$C$と$K$は体積含水率$\theta$に関係することはすでに述べた．これらの関係は，土壌特性を表している．つまり，各場所の土壌ごとにその関係は異なる．不飽和透水係数$K$と体積含水率$\theta$の関係は，**図5.9**のように対数軸上で表記されることが多い．この関係を$K$-$\theta$関係と呼ぶ．また，**図5.10**のような圧力水頭と体積含水率の関係，すなわち水分特性曲線が見られる．

吸水過程と脱水過程（排水過程）において，土壌水分特性曲線は異なる経路をたどる．このことを**ヒステリシス**（hysteresis，付録の付5.2参照）という．不飽和の流れをリチャーズ式で表すには，この関係を知る必要がある．

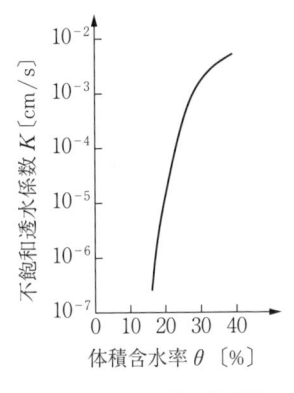

## 5.4 浸　　　透

図5.9　$K$-$\theta$関係の概念図

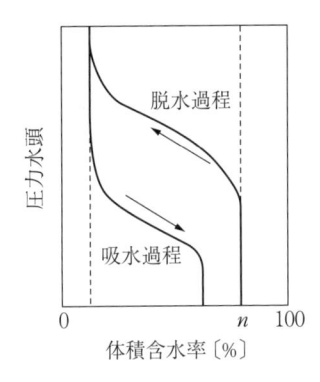

図5.10　土壌水分特性曲線

### 5.4 浸　　　透

　地表面から水がしみ込むさまを**浸透**（infiltration）という。土壌物理の分野では，特に**湿潤**（infiltration）といい，重力によってさらに下方の土壌へ降下する**降下浸透**（percolation）と区別することもある。また，地下から地表面に水がわき出ることを浸漏（seepage）という。

　降水時の雨水が地中に浸透する量を表現するために，いくつかの計算式が提案されている（付録の付5.3参照）。最大の浸透フラックス〔mm/h〕のことを**浸透能**（infiltration capacity）または**可能浸透フラックス**（potential infiltration flux）という。ホートン[2]は，経験的に以下の式を得た。

$$f_p(t) = f_c + (f_0 - f_c) e^{-\alpha t} \tag{5.25}$$

ここに$f_p(t)$は時刻$t$における浸透能，$f_0$は初期浸透能，$f_c$は最終浸透能，$\alpha$は定数である。フィリップ[3]は，浸透フラックスを以下の式で与えた。

$$f(t) = \frac{1}{2} s t^{-1/2} + A \tag{5.26}$$

ここで$f(t)$は時刻$t$における浸透フラックス，$s$は土壌の吸収能，$A$は透水係数$K$に関係する値である。

## 5.5　地中流の観測

　地中水の挙動を知るのは簡単なことではない．地下にあるため，水を直接見ることができないからである．井戸は地下水の挙動を見るのに適しており，地下水位を観測できる．現在では，半導体素子を使った土壌水分計が販売されており，土壌に挿入するだけで計測することができる．

　土壌水の圧力水頭を計測するには，**テンシオメーター**（tensiometer）が用いられる（**図5.11**）．これは，水柱の先にポーラスカップ（素焼きのふた）をつけて，土壌水の圧力を計測するものである．

　透水係数を知るには，定水位法と変水位法が一般的である．これは**図5.12**のように土壌を入れた容器に定常の圧力状態で水を供給する場合と，非定常の圧力状態のもとで水を供給する方法である．

　しかし，どの手法も土壌の構造を壊さないで計測するのは難しい．

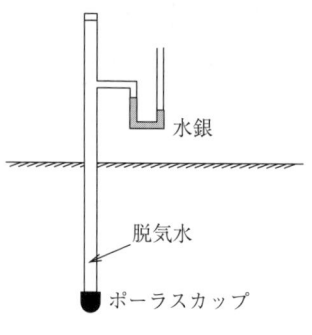

**図5.11** テンシオメーター

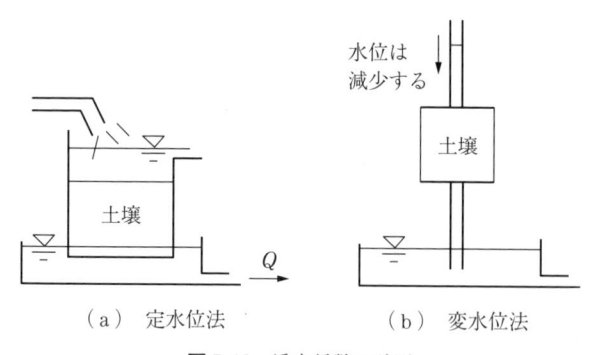

（a）定水位法　　　（b）変水位法

**図5.12** 透水係数の計測

## コラム

### 日本の誇る井戸技術 ―上総(かずさ)掘り―

日本も昔から安定した水資源を得るため，地下水を利用してきました。地下水の利用において，井戸は最もよく知られた水道インフラです。この井戸を掘る伝統技術として上総掘りがあります。上総掘りは重要無形民俗文化財に指定されています。直径 10 cm 程度で深さ数メートルの井戸を掘ることができます。やぐらを組んで竹の反力をうまく利用して，井戸の底を突きます。やぐらに付けた「踏み車」によって底の土砂や水を引き上げます。

上総掘りのほとんどの用具は周辺の自然から手に入れることができるため，途上国の井戸を掘る技術として注目されています（右の写真参照）。

このほかにも伝統的な井戸を掘る技術として「まいまいず井戸」や「大阪掘り井戸」などがあり，各地の特色があります。

（小野信行氏撮影）

## 5.6 地下水資源の問題

地下水は安定した水質と水温を持つため，古来より優れた水資源として利用されてきた。特に乾燥地域では，横井戸によって地下水を集めてオアシスを形成した。この横井戸は，中央アジアではカナート，北アフリカではファガラと呼ばれて広く利用されており，日本でも三重県でマンボと呼ばれて古くから利用されている。

戦後，東京などの大都市では地下水がたいへん多く利用され，そのため**地盤沈下**（subsidence）が深刻な問題となった。現在，東京都は地下水のくみ上げを規制し，地下水位は回復傾向にある。しかし，地下水位が低い時期に建設された地下構造物は，水位の上昇に従って水面以下になると浮力を得るため，新たに地下構造物の浮上が問題になっている。上野の新幹線地下駅は，浮力の問

題対策のためにアンカーやバラストを施している。一方，東京西部の武蔵野丘陵地域には，泉を復活させるために，雨水を積極的に浸透させる浸透ますや浸透トレンチ（6.2.2項で詳述）などが数多く設置されている。

　地下水の流速は大変遅い。北アフリカでは数千年前の水がまだ存在している。こうした過去の水の移動は，水に含まれる同位体元素を調べることによって知ることができる。地下水の移動速度は小さいため，一度汚染されると，回復に膨大な時間がかかる。また，地下水が鉱物や岩石などと接触して汚染された場合，容易にこの汚染源を知ることができない。バングラデシュやカンボジアなどの自然由来のヒ素で汚染された地域では，地下水の利用によって健康被害が生じている。地下は汚染源を特定することが困難であり，抜本的な問題解決に至ることは少ない。

### 演習問題

〔5.1〕 含水比と体積含水率の関係を導け。

〔5.2〕 図5.6において上流側の水深が10 m，下流側の水深が0 mであり，矢板が地中に10 mの深さまで打ち込まれている。飽和透水係数が$1.0\,\mathrm{cm/s}$の場合，両地表面間流線上に沿った距離が100 mの流線上の流速はいくらになるか。

〔5.3〕 不透水層で上下に挟まれた砂利層の粒径が1 mmであり，50 m離れた2地点の井戸がある。一方の井戸から食塩水を流し，通過時間を調べたところ3時間かかった。また，両方の井戸の水位差は5 mである。このときの透水係数を求めよ。

# 6章 貯留

## ◆ 本章のテーマ

　貯留水は最も利用しやすい水資源であり，自然による貯留と人工物を利用した貯留がある。積雪や湖沼は自然貯留の代表的なものであり，ダムやため池は人工貯留の代表的なものである。流域にはさまざまな貯留があるが，その概要を知ると同時に問題点にも触れる。

## ◆ 本章の構成（キーワード）

6.1　貯留とは
　　　自然貯留，人工貯留，滞留時間
6.2　自然貯留
　　　積雪，浸透トレンチ，湖沼
6.3　人工貯留
　　　ダム，調整池，遊水地，水田
6.4　貯留の問題点
　　　海岸侵食

## ◆ 本章を学ぶと以下の内容をマスターできます

- ☞　さまざまな貯留
- ☞　積雪や地中水の貯留効果（自然貯留）
- ☞　自然貯留を積極的に利用し，各地に設置されている浸透施設
- ☞　ダムと調整池，遊水地，水田などの人工貯留
- ☞　貯留施設におけるさまざまな問題点

## 6.1 貯留とは

降水は地上に達した後，表面流や地中流によって海洋に達するが，その過程において陸域に長時間とどまることを**貯留**（storage）という．一般にごく短時間だけ地表面にとどまり，蒸発するような場合は遮断という．貯留は，自然貯留と人工貯留に分けることができる．自然貯留は，積雪や地中，湖沼などで生じる．人工貯留は，貯水池やダム，水田などで生じる．また貯留を**停滞**（retention）と**滞留**（detention）に分ける場合がある．停滞は長時間の貯留であり，おもに蒸発によって減少し，滞留は短時間の貯留であり，おもに流出によって減少する[1]†．

人間が淡水を利用するとき，水位が変動する河川水は利用しにくい．一方，貯留水は安定した水資源であり，古くから積極的に利用されている．積雪や森林土壌は滞留時間が長いため，それぞれ白いダムや緑のダムといわれる．滞留期間が長い水資源の場合，人との接触時間が増えるため，利用しやすい．融雪水は，春の水田に湛水されるため，貴重な水資源である．日本の場合，冬の積雪期間が滞留時間に相当し，おおよそ 1〜5 か月である．氷河や極地などでは数千年のオーダーで雪氷が滞留している．土壌水は乾燥地ほど滞留時間（経過時間，更新時間）が長い．富山の砂丘では，50日，サハラ砂漠では，同位体比を用いた観測によると 2500 年という推定結果もある．全長 1.2 km ほどの湖では，深層水の滞留時間は 4〜30 年ほどである[2]．

## 6.2 自然貯留

### 6.2.1 積雪と融雪

融雪は雪が熱を受けて融解することである．式 (2.4) で見たように，熱収支

---

† 後に述べる調整池は retention pond と訳されることがある．調整池は流出によって貯留量が減少するので，Chow らに従えば detention pond が正しい[1]．また，水がある場所をゆっくりと移動しながらとどまる時間を**滞留時間**（residence time）または**経過時間**（transit time）という．

## 6.2 自然貯留

によって融雪に使われる熱量が決まる。積雪の下層では，熱量は地中から積雪に伝わり，おおよそ 2 mm/day の速度で解けるとされる[3]。積雪面はアルベドが大きいため，雪面に吸収される熱量は大きくなく，放射よりも顕熱による融雪の効果が大きい場合がある。融雪が進むとアルベドは小さくなり，融雪後期には放射による融雪が卓越する。積雪のアルベドが小さくなるのは，降雪直後の氷粒子はさまざまな放射状の形をしており，光が複雑に反射するためアルベドが高いが，融雪すると氷粒子は丸くなり，光は氷の粒に吸収されやすくなるためである。融雪期には気温の上昇に従い，有効放射量が増加し，顕熱交換量も増すため，気温を変数とした次式によって融雪量を表現する。

$$SM = K \times T \tag{6.1}$$

ここで，$SM$〔mm/day〕は日融雪量，$T$〔℃〕は日平均気温，$K$〔mm/day/℃〕は融雪係数または degree factor と呼ばれる。この式は気温が 0℃ 以上の場合に融雪が生じることを表しており，degree-day 法と呼ばれて広く利用されている。日本において $K$ は $1.0 \sim 10.0$ mm/day/℃ の値をとり，その平均は約 4.0 mm/day/℃ といわれる[4]。この方法はしばしば時間単位でも用いられることがあり，その場合，degree-hour 法と呼ばれる。

式 (2.3) に融雪の効果を取り込むと

$$l_k \times SM = R_n - H - lE - G \tag{6.2}$$

を得ることができる。式 (2.3) に従って雪面から出るエネルギーフラックスを正としているので，右辺の負号は雪を溶かすフラックスであり，$l_k$ は氷が液体になるときの潜熱量（氷の融解潜熱，0℃ で $3.33 \times 10^5$ J/kg）である。

積雪表面で融雪した水はただちに積雪層外に流出せず，下部の積雪層に保持され，その部分の**積雪密度**（snow density）を増加させる。新雪は積雪密度[†]が $0.1$ g/cm$^3$ 以下の場合が多いが，融雪後期になると積雪密度は $0.4$ g/cm$^3$ を超える。融解と浸透を繰り返して，地表流や地下浸透流となる。鉛直積雪層

---

[†] SI 単位系の密度の単位は kg/m$^3$ であるが，積雪の場合，水当深に換算しやすいため，慣習的に g/cm$^3$ を用いる。つまり，「1 m の積雪深の密度が $0.3$ g/cm$^3$ のとき，水当深は 30 cm」のように計算しやすい。

の密度の上昇に従って，**積雪深**（snow depth）は減少するが，層外に排出されない限り積雪水当量 $SWE$ は変化しない。その関係は

$$\rho_W SWE = \rho_{SD} SD \tag{6.3}$$

のように表される（3章参照）。ここで $\rho_{SD}$ と $SD$ は，それぞれ積雪密度〔kg/m³〕と積雪深〔m〕である。

このように雪自体が貯留効果を持つ。積雪は貯留効果が大きいため，春季の貴重な水資源を提供している。雪の貯留効果を上げるために人為的に雪を集めたものを**雪ダム**（snow storage dam）という。これは急斜面においてダイナマイトや射撃などにより人工的に雪崩を生じさせ，谷に雪を貯めるものである。渓谷地は，日照時間が短く，日射量が小さい。さらに高く雪を積むことによって，大気との体積当りの熱交換面積を小さくして融雪量を減少させ，長時間の融雪流出が期待できる。雪崩の防止にもなるため，欧州ではよく利用される。

### 6.2.2 地 中 水

地中流過程については前章で述べているので，ここでは貯留効果について述べる。地下水の滞留時間はたいへん長いため，化学物質や放射性物質の濃度変化から滞留時間を求める方法が有効である。いま，地下水の物質濃度を $C$，地下水流速を $v$ とし，図 6.1 のように外部からの物質流入がないとすると

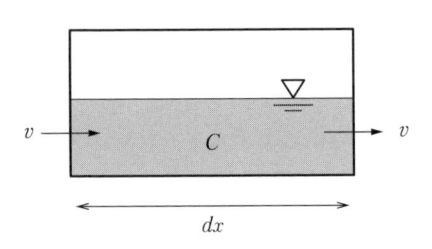

図 6.1　地中の区間 $dx$ における物質収支

$$\frac{dC}{dt} + \frac{d(vC)}{dx} = 0 \tag{6.4}$$

を得る。
この式は

$$\frac{dC}{dt} + v\frac{dC}{dx} + C\frac{dv}{dx} = 0 \tag{6.5}$$

となるが，物質濃度と流速が流下方向で変化しないなら

$$\frac{dC}{dt} + AC - B = 0 \tag{6.6}$$

と，定数 $A$, $B$ を用いて表記することができる．この一般解[†1]は次式のようになる．

$$C = m + (C_0 - m)e^{-\frac{t}{\tau}} \tag{6.7}$$

ここで，$C_0$ は初期濃度，$m$ は帯水槽の物質収支特性によって決まる値，$\tau$ は滞留時間である．異なる時期の濃度がわかれば，その減少量から滞留時間を求めることができる．6.1 節で述べた砂丘や砂漠の滞留時間は，式 (6.7) によって知ることができる[†2]．

地下水は滞留時間が長く，安定した水資源であるが，都市化に伴いコンクリートやアスファルトによって地表面が固められると，浸透量が減少し，地下水も減少する．また，乾燥地や乾季を持つ国では，慢性的に地下水が少ない．こうした地域では，積極的に雨水を地中に注入することを行っている．この方法を人工涵養という．人工涵養によって地中水を増やす手法は，世界各地でとられている．湾岸諸国では数年に一度大雨が降るが，その際の水を普段枯れている貯水池に貯めて浸透させる**涵養ダム**（recharge dam）が存在する．また，世界各国には雨季の水を浸透させる**涵養池**（recharge pond）などの大規模な施設もある．

これとは反対に，都市化によって地表流が増加して都市洪水が問題になる

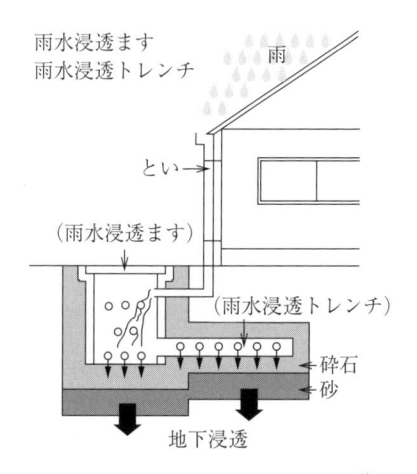

**図 6.2** 浸透トレンチと浸透ます[5]

---

[†1] 1 階線形常微分方程式の解．
[†2] 放射性同位元素を用い，半減期や平均寿命を利用して滞留時間を求める**同位体水文学**（isotope hydrology）の分野が確立されている．

場合，都市洪水の対策として，**図6.2**に示すような**浸透トレンチ**（infiltration trench）や**浸透ます**（infiltration inlet）などを住宅や建物の建設時に設置し，人工浸透を行うことによって流出を遅らせることが日本各地で行われている。

### 6.2.3 湖沼

世界の淡水湖沼の規模（湖水面積）を，**表6.1**に示す。これらの湖沼は貴重な水資源を提供している。日本においても多くの湖沼水が利用されており，自然のダムといえる。湖沼水を利用した例として琵琶湖疎水†や猪苗代湖の安積疎水は有名である。一方，湖沼水の滞留時間は長いため，一度水質悪化した湖沼を回復させるには大きな時間とコストがかかる。

表6.1 世界の湖

| 名 称 | 面積〔$\times 10^3$ km$^2$〕 | 貯水量〔$\times 10^3$ km$^3$〕 |
| --- | --- | --- |
| カスピ海 | 436 | 78.2 |
| スペリオル湖 | 82 | 12.1 |
| ビクトリア湖 | 69 | 2.8 |
| ヒューロン湖 | 60 | 3.5 |
| ミシガン湖 | 58 | 4.9 |
| 琵琶湖 | 0.67 | 0.03 |

メコン河のトンレサップ湖は，メコン河の肺と呼ばれている。これは，洪水期にメコン河から逆流した水を湖に貯留し，乾季にこの水を吐き出すためである。こうした，河川流に流下方向と逆方向に流れる（水位を上昇させる）水を**背水**（backwater）という。メコン河の場合，雨季に涵養されるカンボジアの地下水貯留量とトンレサップ湖の貯留量はほぼ等しく[6]，ともに乾季の重要な水資源となっている。

---

† 水を引く目的で造られた人工水路。用水路や運河に利用される。

## 6.3 人工貯留

### 6.3.1 ダムと貯水池

流れをせき止めて貯水池を形成する施設を**堰堤**（weir）という。このうち堤高が 15 m 以上のものを，河川法ではダムと定義している[†1]。**国際大ダム会議**（International Commission on Large Dams，**ICOLD**）では，堤高が 5 m 以上で貯水容量が 3 億 $m^3$ 以上のものをダムとしている。そのうち，高さが 15 m 以上のものをハイダム，それ以外をローダムと区別している。河口付近に設置され，塩水浸入を防ぐ河口堰や，農業用水の取水を目的とした**頭首工**（headworks）などの堰堤もある。

ダムの目的には，治水，利水，発電，環境維持などがあり，複数の目的のために設置されたダムを多目的ダムという。また，砂防ダムや治山ダムのように土砂流出や土石流対策のためのダムなども存在し，スリット型や穴あきダムなど，貯水しないダムも存在する[†2]。治水ダムは，洪水期に水を貯留して，無降雨期に放流する。この機能によって水利用量を増やすことが可能である（図 6.3）。

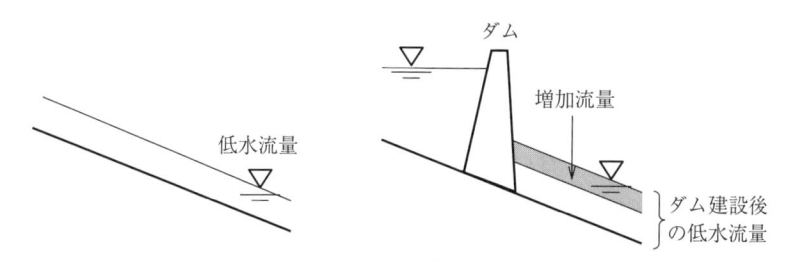

網かけ部が，洪水期に貯めた水の放流によって増加した無降雨期の流量である。

**図 6.3** ダムによる新たな利水量の増加

---

[†1] 河川法 44 条が適用されるダムは，つぎのいずれかが該当するものである。① 洪水吐ゲートを有し，湛水区間が 10 km 以上であるもの。② 河川に沿って 30 km 以内の間隔にある二つ以上のダムに係る湛水区間の和が 15 km 以上で，洪水吐ゲートを持つもの。③ ① と ② 以外で基礎地盤から越流頂までの高さが 15 m 以上であるもの。

[†2] ダムは正式には上の脚注の定義に合致するものであり，砂防ダムや治山ダムは厳密には砂防堰堤や治山堰堤が正しいが，ここでは通称を用いている。

## 6. 貯　　　　留

ダムのほかに治水用の貯留施設として調整池と遊水地[†]がある。調整池は，洪水時に上流域付近に一時的に水を貯め，流出量を調節する池である。住宅地開発によって流出率が変化する場合に設置されることが多い。特に，土地の開発者が設置する暫定施設を調整池，河川管理者（国や地方自治体）が設置する恒久施設を調節池と区分している。一方，遊水地は，洪水ピークの一部を越流させて，ピーク流量を減少させる（**図 6.4**）。調整池も遊水地も平時には公園などの公共施設としての機能を持つこともあり，多目的の施設として利用されている。

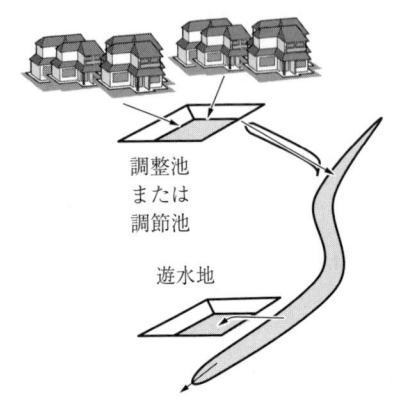

**図 6.4** 調節池と遊水地

### 6.3.2　貯留施設の区分

流出を抑制する貯留施設を，施設の設置場所によって区分することがある[7]。降水した場所でただちに貯留するオンサイト施設と，やや離れた湖沼のような空間的に広がりのある場所に貯めるオフサイト施設に区分する（**図 6.5**）。

### 6.3.3　水　　　　田

日本のような米作地域において水田は大きな貯留効果を持ち，水循環にも影響を与えている。水田は代掻き期と普通灌漑期，非灌漑期と大きく三つの時期に分けることができる。代掻き期は，田植以前に水を張り，土を砕き，田面を平らにし，畔（あぜ）を修復する作業を行う期間である。普通灌漑期は，用水路から水を導水し，水田に水が張ってある期間であり，非灌漑期は，稲刈りのために水を排水している期間である。代掻き期には水田の水深は 10 cm 程度，灌漑期

---

[†] 河川法では遊水地と記述しているが，地方自治体管轄や地名などでは遊水池と記述されている場合がある。

## 6.3 人工貯留

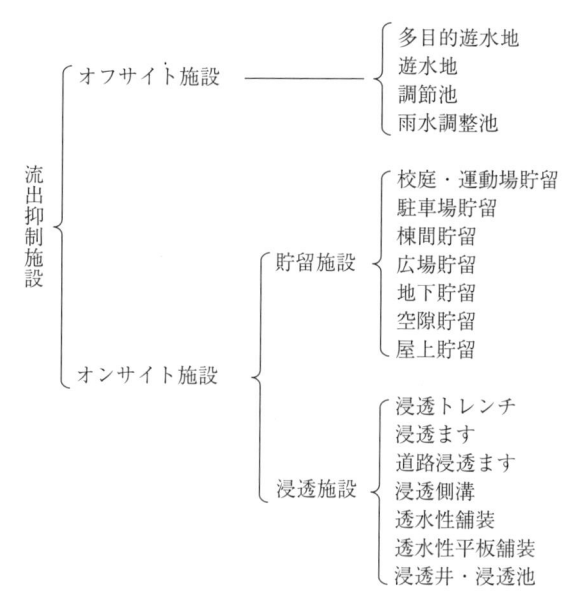

```
                         ┌ 多目的遊水地
           ┌ オフサイト施設 ─┤ 遊水地
           │              │ 調節池
           │              └ 雨水調整池
           │
流出抑制施設 ┤              ┌ 校庭・運動場貯留
           │              │ 駐車場貯留
           │              │ 棟間貯留
           │      ┌ 貯留施設┤ 広場貯留
           │      │        │ 地下貯留
           │      │        │ 空隙貯留
           │      │        └ 屋上貯留
           └ オンサイト施設┤
                  │        ┌ 浸透トレンチ
                  │        │ 浸透ます
                  │        │ 道路浸透ます
                  └ 浸透施設┤ 浸透側溝
                           │ 透水性舗装
                           │ 透水性平板舗装
                           └ 浸透井・浸透池
```

**図 6.5** 雨水貯留施設の形態分類[7]

には5cm程度である。一般に水田の底面は泥質で構成されているため，浸透量はそれほど大きくはない。稲作地帯は，代掻き期に多量の水が必要となる。一方，非灌漑期初期には多量の水が排水される。近年では，水田のこのような機能を積極的に活用して治水や利水に生かそうとする試みがなされている。また，水田域は可能蒸発散量に近いフラックスが生じており，潜熱の吸収が活発であり，冷涼な熱環境を提供している。

大規模なダムや貯水池が建設される以前には，水田への水供給施設としてため池が古来，数多く建設されてきた。讃岐平野をはじめ瀬戸内地方には特に数多くのため池が見られ，全国には20万以上[8]のため池があるといわれる。谷の渓流をせき止めた谷池と，平地に掘り下げた皿池に大きく分類することができる。一つの規模は小さいが数がたいへん多いため，流域全体の貯留効果が大きい。

## 6.4 貯留の問題点

　貯留施設は，安定した水資源を確保するために有用であり，長い歴史をかけて育まれてきた。しかし，その規模が大きくなるにつれて，さまざまな問題がクローズアップされるようになった。

　ダム建設の問題とされるのが，生態系のダメージ，土砂堆積，地域社会への影響，水質等である。ダムや堰は流水をせき止めるため，水生生物の移動を妨げる。近年では，数多くの**魚道**（fish passage, fish pass）[†]が研究されて，効果を上げているが，すべての生物に対して機能することは難しい。土砂の堆積は古くからの問題である。下流の河床の低下や海岸侵食のおもな原因が貯水池の堆砂であるとされる報告もある。土砂吐（排砂）ゲートを洪水時期に開けることや，堆積土砂を人為的に下流に移動させるなどの対策がとられている。流域管理には，流水だけではなく土砂の移動を自然に近づけて行うような流砂管理の概念が普及し始めている。水は，土砂に加えてさまざまな物質を移動させる。土砂と同様に，栄養塩や有機物などの輸送阻害も貯留施設の問題となることがある。貯留水は富栄養化のような水質悪化を生じやすく，貯留施設を介して河川の水質が悪化する場合もある。貯水池の規模が大きく，居住地が水没する場合には，建設による住民移転がしばしば必要となり，社会問題として取り上げられることがある。特に途上国においてこの問題は大きい。

　貯水施設は豊かな水資源を提供するが，設置には十分な配慮が必要である。

### 演習問題

[6.1] 世界のダムの規模を調べよ。
[6.2] 日本の積雪記録を調べよ。
[6.3] 近くの水田の灌漑用水がどこから取水されているかを調べよ。

---

[†] 魚の遡行を助ける河川工作物。遡上するエビやカニなどのための水路や補助施設もある。

# 7章 確率統計水文学

### ◆ 本章のテーマ

　水文量の確率統計解析の基本を学ぶ。河川構造物の設計や水資源計画には，洪水や渇水の再現期間を知ることが必要である。再現期間を知れば，構造物の耐久性や規模を決める目安になるからである。再現期間を求める際に用いる頻度分析の特徴を知ることができる。気候変動のような気温上昇の解析手法についても学ぶ。時間変化を考慮した時系列分析を通して，水文データのトレンド成分や周期成分などの成分分離について学ぶ。

### ◆ 本章の構成（キーワード）

7.1　確率統計水文学の歴史
7.2　頻度分析
　　　ヒストグラム，リターンピリオド，プロッティングポジション
7.3　時系列分析
　　　確定成分，確率成分，周期成分，傾向成分

### ◆ 本章を学ぶと以下の内容をマスターできます

☞　水文現象の再現期間（リターンピリオド）の求め方（いくつかの確率密度関数や分布関数の性質）
☞　頻度分析に最適な分布関数の評価方法や決定方法（特に，標準最小二乗規準や相関係数の使い方）
☞　時系列分析における確定成分と確率成分の分離手法

# 7. 確率統計水文学

## 7.1 確率統計水文学の歴史

水文学は，現象解析の方法論によって二つの分野に大別することができる[1]。ここまでの章で見てきたように，水文現象の特性を決定論的方法†によって解明し，その応用について考察する学問分野は，**物理水文学**（physical hydrology）と呼ばれる。一方，水文現象の確率的性質を考慮してその特性を理論的に説明し，その応用を考察する学問分野は，**確率統計水文学**（stochastic hydrology）と呼ばれる。確率統計水文学の歴史は新しく 1900 年頃に安全係数や流量継続時間曲線について，1940 年頃には極値やリスクについての研究が発展した。1960 年代にはシステム工学の理論が導入され，確率統計水文学は大きく発展した。

確率統計水文学はおもに土木工学の分野で発展しており，構造物の設計に利用され，水文学といえば物理水文学ではなく，確率統計水文学を中心とする概念的な解析を指していた[2]。おもに堤防の設計や渇水の備えなどに，確率統計の手法が必要とされたからである。堤防の設計において，設計した堤防の高さが何年間洪水に耐えることができるかを知ることは自然な要求である。

## 7.2 頻度分析

ある規模の洪水が何年に一度起きるかは重大な問題であるが，この洪水が平均して生じる期間をリターンピリオド（再現期間）という。本節では，具体的な洪水のリターンピリオドの導き方を通して，**頻度分析**（frequency analysis）について解説する。

---

† ある現象が方程式や関数によって記述でき，不確実性を含まずに現象を説明する方法を決定論的方法という。一方，確率論的方法は，不確実性を含んだまま確率によって現象を説明しようとする方法である。

## 7.2 頻度分析

### 7.2.1 ヒストグラム

ある地点の過去20年分の年最大流量を,昇順で並べると以下のようであった.

45, 51, 53, 55, 57, 59, 61, 62, 63, 64, 65, 66, 67, 72, 74, 76, 78, 84, 86, 95 m$^3$/s

この様子を棒グラフで表したものがヒストグラムであり,**図7.1**のようになる.

この図からいろいろな規模の年最大流量がどのような頻度で発生しているかを直感的に知ることができる.しかし,縦軸はデータ数が変わると変化してしまうし,データが離散的で

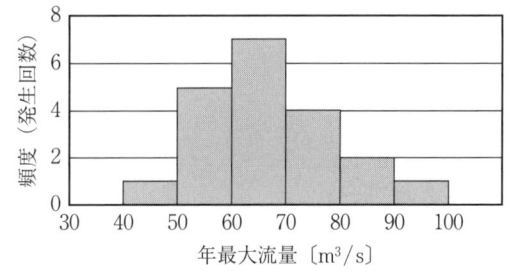

**図7.1** 年最大流量のヒストグラム

あって連続的でないため,流量データの幅を変更するとグラフの形が変わってしまい,普遍的な表現であるとはいえない[†].

### 7.2.2 確率密度関数と分布関数

サンプルとは母集団から抜き出した標本のことをいう.つまり,太古の昔から年最大流量はあるが,上記の例の場合,過去20年分のデータだけを抜き出しており,この抜き出したデータ(標本)から母集団の特性を知ろうとしているのである.縦軸をサンプル総数で除すことによって正規化を行う.すると,

---

† **図7.2**のような形の場合には,最大値や平均値を読み取ることができるだろうか.

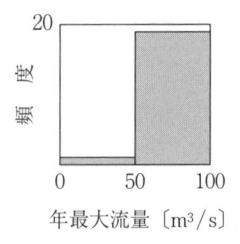

**図7.2**

図7.1は**図7.3**のようになり，縦軸は全サンプルに対する確率とみることができる。例えば，40 m³/sの範囲の洪水は全体の5％の確率で存在することがわかる。正規化すれば，サンプル数が異なっても異なる河川を比較することができる。

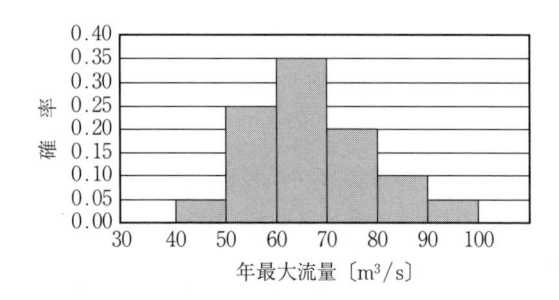

**図7.3** 正規化したヒストグラム

つぎに離散的なデータを連続的な関数として表現することを考える。ヒストグラムの形は正規分布のような関数形を持つことがわかる。左右対称な正規分布で表現できるとすると，図7.3は**図7.4**のようになる。

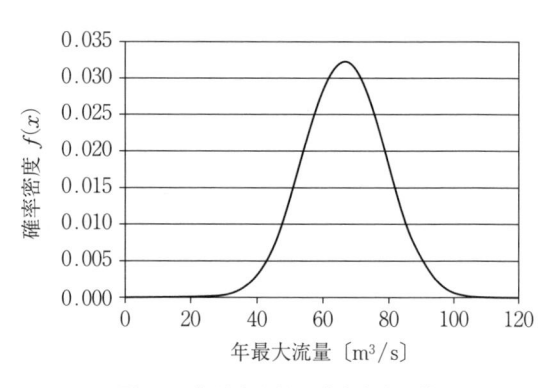

**図7.4** 年最大流量の確率密度関数

この関数のことを**確率密度関数**（probability density function, **PDF**）という。縦軸の値は確率密度であり，関数と横軸で囲まれた部分が確率を表す。正規分布の確率密度関数は

$$f(x) = \frac{1}{\sigma\sqrt{2\pi}} \exp\left\{-\frac{(x-\mu)^2}{2\sigma^2}\right\} \tag{7.1}$$

であり，ここで$x$は年最大流量，$\sigma$と$\mu$は母数[†]であり，$f(x)$が確率密度である。正規分布の場合，二つの母数は，それぞれ標準偏差，平均値とみなすことができる。この場合，平均値$\overline{x} = \mu = 66.65$，標準偏差$\sigma = 12.33$となり，確率密度関数を描くことができる。

---

† 分布関数を決める定数のことを母数（パラメータ），または統計母数という。

## 7.2 頻度分析

確率密度関数がわかれば，任意の規模 $x$ の年最大洪水流量の確率を知ることができる。これを年最大流量 0 から着目する流量規模 $x$ まで積分すると，つまり

$$F(x) = \int_0^x f(t)\,dt \tag{7.2}$$

を求めると，図 7.5 のようになる。$F(x)$ は，ある年最大流量までを占める確率を表している。この確率のことを**非超過確率**（non-exceedance probability）という。例えば図 7.5 より，60 m³/s までの洪水の起こる確率が全体の約 30 % となる。また，逆に 60 m³/s を超える確率のことを**超過確率**（exceedance probability）といい，この場合には約 70 %（= 100 % − 30 %）となる。超過確率 $W(x)$ は，一般的に以下の式で表現される。

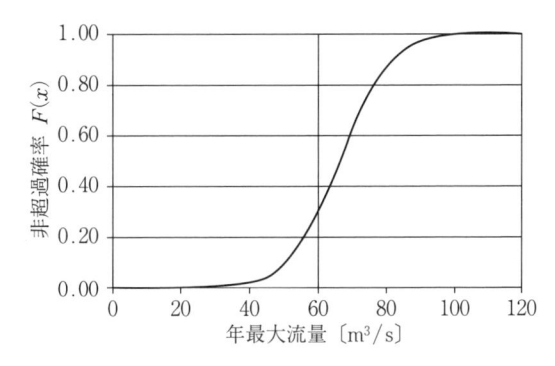

図 7.5 年最大流量の分布関数

$$W(x) = 1 - F(x) = 1 - \int_0^x f(t)\,dt \tag{7.3}$$

### 7.2.3 リターンピリオド

年最大流量の分布関数から得られた超過確率は，1 年間にある年最大流量 $x$ を超える確率に相当するので，この逆数をとると，その量を超えると思われる平均的な年数を得ることができる。例えば，60 m³/s を超える洪水の起こる確率が年間 70 % の場合，この再現期間は約 1.4 年（= 1/0.7）ということになる。この再現期間のことを**リターンピリオド**（return period）または確率年といい，つぎの式で表現される。

$$T = \frac{1}{W(x)} = \frac{1}{1-F(x)} \tag{7.4}$$

渇水流量のように，その量を下回る量が問題になるような最小値問題の場合には，非超過確率を用いる。

$$T = \frac{1}{F(x)} \tag{7.5}$$

こうして得られたリターンピリオドは，治水計画や水資源計画を決める際の重要な情報を提供する。「50年に1回の洪水を守る堤防」の表現の「50年」は，洪水流量を頻度分析して求めたリターンピリオドにほかならない。また，超過確率は，治水政策の是非を調べることに使われる。洪水によって見込まれる被害額にその洪水の超過確率を乗じることにより，年間の期待被害額を得ることができる。堤防によって取り除かれた被害額（**便益**：benefit）と堤防の建設費（**費用**：cost）を比較した**費用便益比**（benefit/cost，B/C）によって治水事業の効率性が議論される。さまざまな洪水対策において，最も高いB/Cのものを採用することが多い。このようにリターンピリオドの概念は，治水計画や水資源計画において，重要な役割を持つ。

### 7.2.4 さまざまな分布関数

これまでは標本の形が対称的な形を持つ正規分布を例にしている。しかし，渇水流量や最大降雨などを並べると，ヒストグラムは左や右にひずみ，対称な形でない場合がある（**図7.6**）。こうした場合，正規分布ではなく，ひずんだ関数の導入が必要になる。こうした問題にお

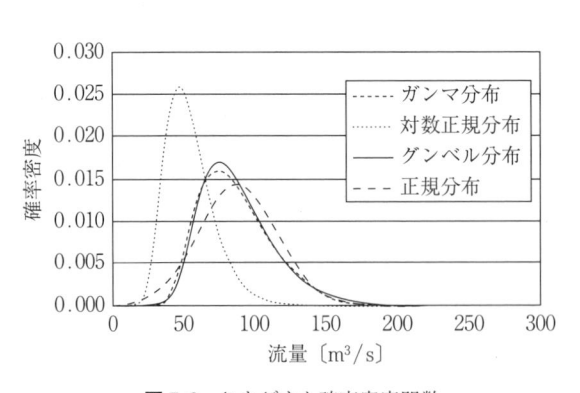

図7.6 さまざまな確率密度関数

いて，さまざまな確率密度関数（分布関数）が提案されている．以下に代表的なものを示す．

〔1〕 **対数正規分布**　　確率変数（流量や降雨量など）を対数変換した変数が正規分布に従う場合に用いる．確率密度関数は以下のように与えられる．

$$f(x) = \frac{1}{(x-a)\sigma_y\sqrt{2\pi}} \exp\left\{-\frac{(y-\mu_y)^2}{2\sigma_y^2}\right\} \tag{7.6}$$

$$y = \log(x-a) \quad (a < x < \infty) \tag{7.7}$$

母数は最尤法[†]によって，以下の式の連立から推定値（＾が付加されている）を得ることができる．

$$\hat{\mu}_y = \frac{1}{N}\sum \log(x_i - \hat{a}) \tag{7.8}$$

$$\hat{\sigma}_y^2 = \frac{1}{N}\sum \left(\log(x_i - \hat{a}) - \hat{\mu}_y\right)^2 \tag{7.9}$$

$$\sum \frac{1}{x_i - \hat{a}}\left[\frac{1}{N}\sum (\log(x_i - \hat{a}))^2 - \left\{\frac{1}{N}\sum \log(x_i - \hat{a})\right\}^2 - \frac{1}{N}\sum \log(x_i - \hat{a})\right]$$

$$+ \sum \frac{\log(x_i - \hat{a})}{x_i - \hat{a}} = 0 \tag{7.10}$$

式 (7.10) の逐次計算によって $\hat{a}$ を求め，式 (7.8), (7.9) から母数を得ることができる．$N$ はサンプル総数である．

〔2〕 **最大値分布**　　グンベル分布（Gumbel distribution）とも呼ばれる．年最大洪水流量においてよい適合性を示すことが知られている．グンベルは確率密度関数と分布関数をそれぞれ以下のように提案した．

$$f(x) = a\exp\left\{-a(x-b) - e^{-a(x-b)}\right\} \quad (-\infty < x < \infty\,;\, a > 0) \tag{7.11}$$

$$F(x) = \exp\left\{-e^{-a(x-b)}\right\} \tag{7.12}$$

この関数の場合，$a$ と $b$ はそれぞれ尺度母数，位置母数と呼ばれる．平均値 $\mu$，分散 $\sigma^2$ と母数の関係は以下のように与えられる．

---

[†] 母数を推定する手法は積率法，図式推定法などがある．ここでは詳しく述べず，よく使われる母数推定の結果のみを示す．詳しくは付録の付 6.1 参照．

$$\mu \fallingdotseq b + \frac{0.577\,2}{a} \tag{7.13}$$

$$\sigma^2 = \frac{\pi}{6a^2} \fallingdotseq b + \frac{1.644\,9}{a^2} \tag{7.14}$$

〔3〕 **最小値分布**　　**ワイブル分布**（Weibull distribution）とも呼ばれる。この分布関数はワイブルによって，材料の破壊強度の分布に初めて用いられた。その後，渇水流量や年最小移動平均降水量などに適合することが示されている。

$$f(x) = \frac{a}{b-c}\left(\frac{x-c}{b-c}\right)^{a-1} \exp\left\{-\left(\frac{x-c}{b-c}\right)^a\right\} \tag{7.15}$$

$$F(x) = 1 - \exp\left\{-\left(\frac{x-c}{b-c}\right)^a\right\} \quad (c \leq x < \infty\,;\,a > 0, b > c \geq 0) \tag{7.16}$$

渇水流量を扱う際は，分布の下限値を 0 と考えてよいので，$c=0$ である。平均値，分散，**モード**（mode）$\mu_0$，**メディアン**[†1]（median）$\mu_e$ と母数の関係は

$$\mu = c + (b-c)\,\Gamma\left(1+\frac{1}{a}\right) \tag{7.17}$$

$$\sigma^2 = (b-c)^2\left\{\Gamma\left(1+\frac{2}{a}\right) - \Gamma^2\left(1+\frac{1}{a}\right)\right\} \tag{7.18}$$

$$\mu_0 = c + (b-c)\left(1-\frac{1}{a}\right)^{1/a} \quad (a>1\,のときのみ存在) \tag{7.19}$$

$$\mu_e = c + (b-c)\,(\log 2)^{1/a} \tag{7.20}$$

となる。ここで，$\Gamma$ はガンマ関数[†2]である。

最大値や最小値の問題を扱うことを極値問題という。極値を表す確率分布関数としてつぎのような**一般極値分布**（generalized extreme value distribution, **GEV 分布**）が提案されている[3]。

---

†1　モードは最頻値，メディアンは中央値。ヒストグラムで最も頻度が大きい変量をモードし，小さい順で並べた場合に順番が真中にくる値をメディアンという。

†2　ガンマ関数は $\Gamma(z) = \int_0^\infty t^{z-1} e^{-t} dt$。ただし，$z$ は正の複素数である。

$$F(x) = \begin{cases} \exp\left\{-\left(1-k\dfrac{x-c}{a}\right)^{1/2}\right\} & (k \neq 0 \text{ のとき}) \\ \exp\left\{-\exp\left(-\dfrac{x-c}{a}\right)\right\} & (k = 0 \text{ のとき}) \end{cases} \quad (7.21)$$

ここで, $k$, $a$, $c$ は母数である。この関数の特殊な場合がグンベル分布やワイブル分布に相当する。GEV 分布の母数を直接的に求める方法もいくつか提案されている[4]。

### 7.2.5 分布関数の選定

多くの研究者がさまざまな分布関数を提案しているが，その土地の特性や水文現象に依存するため，最も適合性が高いとされる分布関数は異なる。そのため，どの分布関数がふさわしいかを判断する指標がいくつか提案されている。ここでは**標準最小二乗規準**（standard least-square criterion, **SLSC**）と相関係数 $R_r$ について述べる。

確率密度関数（分布関数）の適合度を直感的に与えてくれるのが，確率紙の利用である。確率紙は，分布関数 $F(x)$ が直線になるように変換されたグラフであり，データをプロットして，その直線性によって適合度を判断することに利用される。**図 7.7** のように横軸にデータ $x_i$（標本値，例えば最大流量），縦軸に非超過確率（累積確率）$p_i$ が記載されている。ここで問題は，各データに対する確率をどのように与えるかである。これをプロッティングポジションの問題という。この $p_i$ を与えるための方法として多くの研究成果があるが

$$p_i = \dfrac{i-\alpha}{N+1-2\alpha} \quad (7.22)$$

がよく利用される。ここで $N$ はデータ数（サンプル数），$i$ は $N$ 個のデータを小さい順に並べ替えて，小さい順に $1, 2, 3, \cdots, i, \cdots N$ となる順番を表す。$\alpha$ は $0 \leq \alpha < 1$ の範囲の定数であり，分布関数の形によって決まるとされている。例えば，一様分布では $\alpha = 0$ のワイブルプロットが，正規分布では $\alpha = 0.375$，グンベル分布や指数分布では $\alpha = 0.44$ がよいとされている[†]。

公式 (7.22) に従って，各データに応じた非超過確率 $F_i = \sum_{j=1}^{i} p_j$ を得ること

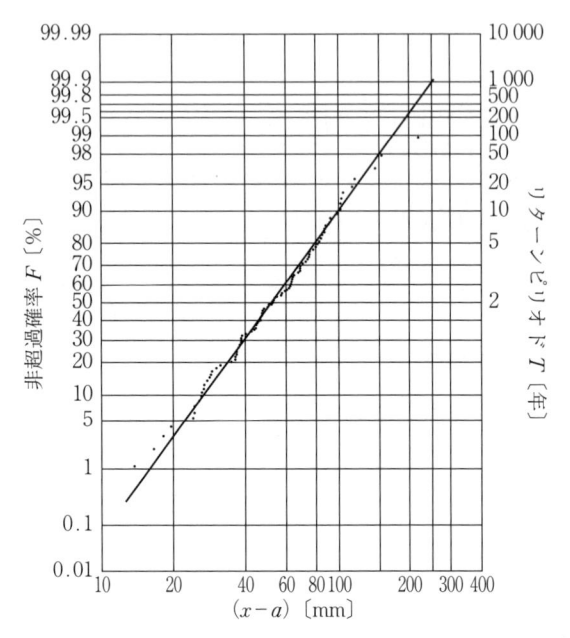

**図 7.7** プロッティングポジション（対数分布へのあてはめ）[1]

ができる．いま，小さい値から順に並べたデータを確率紙上にプロットし，その直線の適合度を見れば，利用した分布関数が適合するかどうか知ることができる．最小二乗法によって求められた直線を

$$\hat{F} = a + bx \tag{7.23}$$

とすると，さまざまな分布関数の確率紙にデータをプロットして得られた $F_i$ と $\hat{F}_i$ の差 ($\hat{F}(x_i) - F_i$) の二乗和 $\xi^2$ が最小になるような分布関数を用いればよい．

$$\xi^2 = \frac{1}{N}\sum_{i=1}^{N}(\hat{F}(x_i) - F_i)^2 = \frac{1}{N}\sum_{i=1}^{N}(a + bx_i - F_i)^2 \tag{7.24}$$

しかし，分布関数によっては $\xi$ のとりうる範囲が異なるため，異なる分布関

---

† このほかにもヘイズンプロットやハザンプロットなどがある．最適なプロッティングポジションを見つけるには，そのたびに確率紙にプロットし直さなければならない．最近ではこうした手間を避けるため，最も汎用的とされるカナンプロット ($a = 0.4$) がよく用いられる．

数を比較するには標準化する必要がある。宝ら[5]は，標準化の方法として標準最小二乗規準 $SLSC$ を提案しており，広く使われている。

$$SLSC = \frac{\sqrt{\xi_{\min}^2}}{|s_{1-p} - s_p|} \qquad (7.25)$$

ここで，$\xi_{\min}$ は $\xi^2$ を最小にするように得られた式 (7.24) のときの $\xi$ の値である。つまり，最小二乗法によって得られた $a$ と $b$ を用いて求めた $\xi$ である。また，$s_p$ は非超過確率 $p$ に対応する標準変量[†]である。一般に $p = 0.01$ が利用される。この場合，$s_{0.01}$ と $s_{0.99}$ に対応する水文観測量の差が標準化する値にあたる。河川流量の極値については $SLSC$ が 0.04 未満であれば適合度がよいとされる[4]。

プロッティングポジションによって得られた分布関数とデータの分布形を比較するので，式 (4.24) で示した相関係数を用いてデータ適合度を評価することもできる。データは離散的なので，式 (4.27) は

$$R_r = \frac{\sum_{i=1}^{N} \hat{F}(x_i) F_i}{\sum_{i=1}^{N} F_i^2} = \frac{\sum_{i=1}^{N} (a + bx_i) F_i}{\sum_{i=1}^{N} F_i^2} \qquad (7.26)$$

のように用いる。$SLSC$ と相関係数 $R_r$ はおおよそ一意な関係があるとされ，$SLSC = 0.04$ は $R_r = 0.98$ に相当するとされる。

### 7.2.6 その他の頻度分析

ここでは1変数の確率分布を示した。しかし，河口付近の洪水氾濫確率を知るような場合は，流量と潮位の二つの変数を使う場合がある。このような場合には，2変数確率分布を用いる。また，2変数に限らず多変数の結合確率を取り扱うこともできる。こうしたデータを解析するには個々のデータの独立性に配慮する。降雨と流出などは相互関連性が高いため，結合確率の頻度分析には向かない。

---

[†] 標準化変量のこと。標準化変量＝（観測値－平均値）／標準偏差。

## 7.3 時系列分析

### 7.3.1 時系列データの成分分類

東京の気温の日観測値を過去100年間のデータに基づいて頻度分析を行い，40℃以上になる1日当りの確率を求めたとする．しかし，これはあまり意味がない．気温の場合，**周期性**（periodicity）があり，夏は暑く冬は寒くなるからである．また，温暖化が生じているとすると，年々気温が増加するような**傾向性**（trend）があり，100年前よりも現在のほうが高温の出る確率が高くなるからである．こうした時間経過に依存した統計的性質の変化を解析することを**時系列分析**（time-series analysis）という．

水文時系列データは，図7.8のような周期性や傾向性（過渡性）のような**確定成分**（deterministic component）とランダム性が強い**確率成分**（stochastic component）とに分けることができる．確定成分を取り除いた残りのデータから，頻度分析に従って確率を求めればよい．

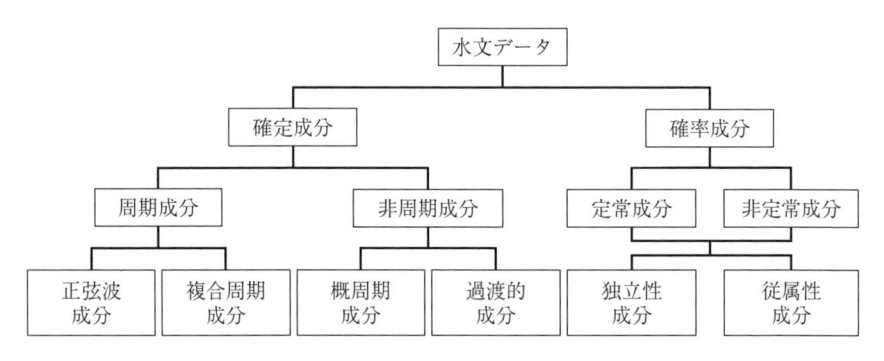

図7.8 水文データの成分分離

### 7.3.2 確定成分

周期性や傾向性のように時間経過による統計量の変化がおおよそ予想できるような成分を確定成分という．図7.9は気温の変化を示した図である．この図から周期性と傾向性を見てとることができる．気温データからこの周期成分

## 7.3 時系列分析

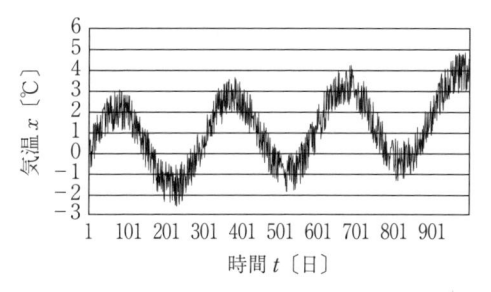

**図 7.9** 気温の時系列データ

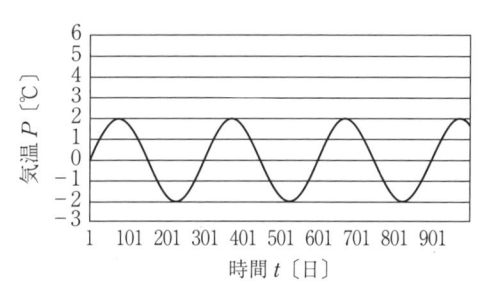

**図 7.10** 周期成分

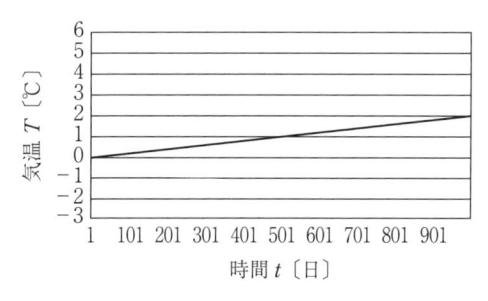

**図 7.11** 傾向成分

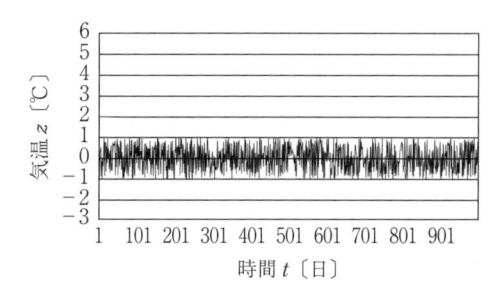

**図 7.12** 確率成分

（図7.10）と傾向成分（図7.11）を除いた残り成分は，図7.12のような確率成分となる。気温の再現確率を知るには，この確率成分を頻度分析すればよい。

この各成分を関数で表示すると

$$z_t = x_t - T_t - P_t \tag{7.27}$$

となる。$z_t$は確率成分，$x_t$は観測値，$T_t$は傾向成分，$P_t$は周期成分であり，下付きの$t$は時間を表している。ここで問題となるのは，データからの確定成分の抽出方法である。以下に，代表的な抽出法を説明する。

周期成分の抽出に関して，式 (4.27) で示した相関係数を用いる。図7.9のデータ$x_t$と時間を$\tau$だけずらしたデータ$x_{t+\tau}$との相関係数を調べる。つまり，ずらした時間$\tau$の相関係数を得ることができる。この$\tau$を変数に持つ相関係数$C_\tau$を自己相関関数[†]と呼ぶ。時間$t$を離散的に$i$と表現するとつぎの式を得る。

$$C_\tau = \frac{\sum_{i=1}^{N} x_i x_{i+\tau}}{\sum_{i=1}^{N} x_i^2} \tag{7.28}$$

この式を見ると時間差$\tau$が0のときは元の観測値と一致するので，相関係数$C_0=1$となる。$\tau$が大きくなると，相関係数は1から減少し，関数の合致が悪くなる（図7.13）。しかし，周期性があると相関係数は再び上昇し，最も合致する$\tau$で相関係数が極大値をとる。つまり，周期性があればこの相関係数が極大値をとる時間間隔$\tau$が周期となり，周期成分を抽出することができる。これは周期成分が正弦波や余弦波で表現される場合に限ったことでない。なお，自己相関関数を用いた周期成分の抽出は，データの数が十分でないと自己相関係数を見つけられない場合がある。

傾向成分の抽出は，最小二乗法が有効である。$x_t$を$t$の変数として，傾向成分を抜き出す。単調増加（$x_i = a + bt_i$）を調べる場合，最小二乗法によって

---

[†] スペクトル解析では，自己相関係数よりもパワースペクトルがよく用いられる。自己相関係数とパワースペクトルはウィナー・ヒンチンの定理で関連づけられており，どちらも同じ性質である。

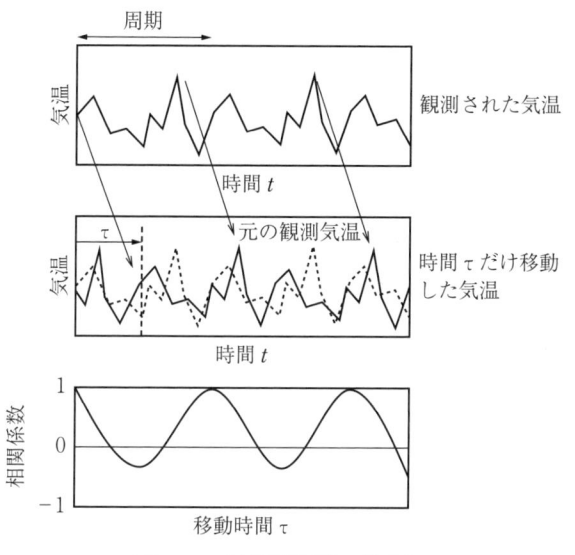

図7.13 自己相関関数の算定法

$$a = \frac{\sum_{i=1}^{N} t_i^2 \sum_{i=1}^{N} x_i - \sum_{i=1}^{N} t_i \sum_{i=1}^{N} t_i x_i}{N \sum_{i=1}^{N} t_i^2 - \left(\sum_{i=1}^{N} t_i\right)^2} \tag{7.29}$$

$$b = \frac{N \sum_{i=1}^{N} t_i x_i - \sum_{i=1}^{N} t_i \sum_{i=1}^{N} x_i}{N \sum_{i=1}^{N} t_i^2 - \left(\sum_{i=1}^{N} t_i\right)^2} \tag{7.30}$$

と求めることができる。最小二乗法を用いれば，傾向成分の線形変化だけでなく，指数関数や対数関数など他の関数形に従う成分も抽出することができる。

ここまでは図7.9のデータに基づいて記述してきたが，一般的に水文成分は

$$x_t = P_t + T_t + G_t + z_t \tag{7.31}$$

と表現できる。$P_t$は周期成分または概周期成分，$T_t$は過渡的成分，$G_t$はカタストロフィー成分である。概周期成分の典型的な例は潮汐であり，基本周波数を持たない。過渡的成分は通常，トレンドとジャンプに分類される。また，山腹崩壊や鉄砲水などの瞬間的な大変動はカタストロフィー成分と呼ばれる。確定的な成分をできるだけ，データから取り除き，確率成分について，統計的に

頻度分析を行うことが重要である。

### 7.3.3 確率成分

前述したように水文成分から確定成分を取り除いたものを確率成分という（図7.8）。この確率成分の統計的性質，例えば平均値や分散値が時間とともに変化するような成分を非定常成分という。逆に時間によって変化しない確率成分を定常成分という。こうした性質を調べるには，時系列データを区切って部分的に統計値を求めて，定常性と非定常性を調べる。カタストロフィー成分$G_t$が定量的に検出できない場合は，非定常性確率成分に見かけ上含めることができる。

水文量が前後の現象になんらかの関係があるような場合，時系列データは従属性があるという。逆に前後の水文変量にまったく関係がないような場合，独立性があるという。流出量が増加する場合，時系列データは前の時間の上昇量に関係があり，独立性は低い。従属性は同一現象でも時間単位に関係する。流出量の月データよりは時間データのほうが従属性は大きい。そのため，短期従属性や長期従属性に分けて，考える場合がある。従属性の強さを表現するのに自己相関係数を用いることもできる。

---

**コラム**

**再現期間**

　ある河川の上流域で洪水被害が発生した際，その記事を書いていた記者は，「50年に一度の洪水なのでしばらく洪水はないですね」と言いました。こうした発言をする人は思いのほか多くいます。再現期間が50年だからといって，50年ずつ規則正しく起こるわけはありません。平均確率なのだから来年また起こるかもしれないし，100年以上起きないかもしれません。さらにわれわれが解析しているデータはたいへん短い期間の標本であるため，推定された平均確率も母集団の平均確率と一致していかどうかもわかりません。気候変動があればなおさら推定した再現期間も正しいかわかりません。それでも再現期間は，水資源計画や治水計画において重要であり，推定方法にさまざまな工夫がなされているのです。

## 演習問題

〔**7.1**〕 365日の日平均気温データを収集し，ヒストグラムを作成せよ．その際，ヒストグラムの時間間隔を変化させ，グラフの形がどのように変化するかを調べよ．

〔**7.2**〕 過去数年の日平均気温データを収集し，正規分布関数による確率密度関数，分布関数を求め，最高気温のリターンピリオドを求めよ．

〔**7.3**〕 問題〔7.1〕で収集したデータの周期成分，傾向成分を抜き出せ．

# 8章 水資源の考え方

## ◆ 本章のテーマ

河川の水を自由に利用することはできない。法律や権利が存在するからである。上流域の住民が水の権利を主張すると下流域の住民は反発する。淡水資源は有限であり，効率的な利用が望まれる。また，汚染された水は利用できない。水質も水資源の重要な視点である。多くの汚染物質があるが，塩水もその一つである。グローバリゼーションによって水資源は全球規模の問題になり，水資源を考える際に温暖化や水貿易などの問題を避けることはできない。

## ◆ 本章の構成（キーワード）

8.1 水資源とは
　　　水利権，河川法，治水，利水
8.2 水紛争
　　　水紛争，国際河川
8.3 親水性
　　　レジャー
8.4 水の質の問題
　　　公害，水質汚染，塩水浸入，地下ダム
8.5 地球規模の問題
　　　温暖化，砂漠化，市場化，コモンズ，仮想水

## ◆ 本章を学ぶと以下の内容をマスターできます

☞ 河川法を通した流域水マネジメントの考え方
☞ 水紛争の原因と解決策
☞ 水質の重要性と，汚染源・汚染物質
☞ 地球温暖化の原理の概略
☞ 仮想水の考え方や比較優位の原理に基づく水の国際化の問題

## 8.1 水資源とは

### 8.1.1 水資源の問題

水資源は土地資源や鉱物資源とならぶ基礎資源の一つであり，生物が生きるために必要な資源である。水は，人間が利用した場合に資源となる。農業に使う場合，家庭で使う場合，河川の生物多様性を保全しようとした場合等，さまざまな面で水資源が必要となる。水を利用すると何らかの環境変化が生じ，さらにさまざまな影響が周辺に及ぶ。農業に水を利用した場合には河川流量が減少するため，生態系へ十分な水環境を提供できなくなり，家庭が利用する水にも制限が出るかもしれない。

水資源の重要な問題の一つが質の問題である。水は豊富に存在するが，汚染されていると，水を利用することはできない。家庭で用いた水は汚染されているため，容易に飲料水にならない。海は地球上で最も水を多く蓄えているが，塩水のため，容易に利用することができない。

陸水を利用する権利を**水利権**（water right）という。水の利用者は国または地方の行政機関に許可を得る必要があることが河川法で定められている。この水利権を河川許可水利権という。一方，河川法制定（1896年）以前から慣行的に利用しており，許可を得たとみなされた水利権を慣行水利権という。慣行水利権の大部分は農業用水である。水利権は流量が安定で十分なときに利用できることが原則であり，この場合を安定水利権という。他に豊水時にのみ暫定的に利用できる暫定豊水水利権などもある。水を利用することを利水という。利水には目的によって，**農業用水**（agricultural water），**都市用水**（municipal water），**生活用水**（household water），**工業用水**（industrial water），**環境用水**（environmental water）や**雑用水**[†]（reclaimed water）などに区分することができる（表8.1）。

表8.1　おもな用水

| 農業用水 | |
|---|---|
| 都市用水 | 生活用水 |
| | 工業用水 |
| 発電用水 | |
| 環境用水 | |
| 雑用水 | |

---

[†] 水質の清浄性を必要としない水洗便所用水，冷房用水，散水用水，防火用水などを指す。

## 8. 水資源の考え方

　日本の場合，農業用水が利水の 6 割以上を占める（**図 8.1**）。環境用水は，河川環境を維持するために利用される水のことであり，都市河川や人工水路では，下水処理水や地下水を用いることが多い。近年の減反[†1]と温室の増加は，それぞれ農業用水の需要を減少，増加させるが，全体では若干の減少傾向が見られる。都市用水についても水利用の効率化や節水によって減少の傾向が見られる。生活用水を見ると日本人一人 1 日当りの使用量は約 300 リットルである[†2]。最も水不足に悩む 40 か国の国民は，1 日平均 30 リットル（あるいはそれ以下）の水を得るために努力を強いられている。これは人口増加と過剰放牧による乾燥化が原因といわれている。

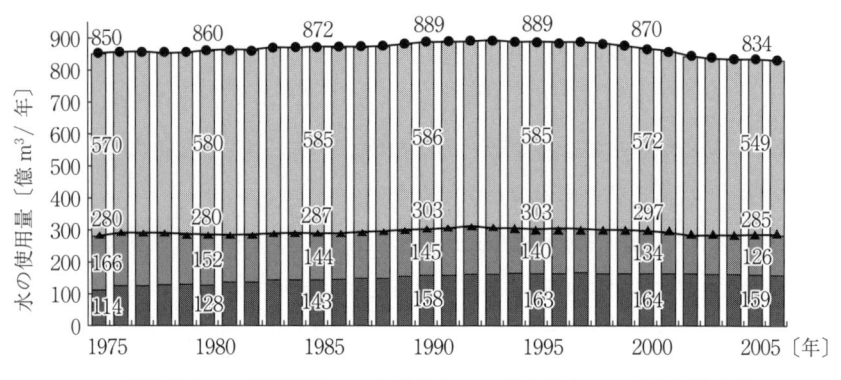

（注）
1. 国土交通省水資源部の推計による取水量ベースの値であり，使用後再び河川等へ還元される水量も含む。
2. 工業用水は従業員 4 人以上の事業所を対象とし，淡水補給量である。ただし，公益事業において使用された水は含まない。
3. 農業用水については，1981〜1982 年値は 1980 年の推計値を，1984〜1988 年値は 1983 年の推計値を，1990〜1993 年値は 1989 年の推計値を用いている。
4. 四捨五入の関係で合計が合わないことがある。

**図 8.1**　水の使用量[1]

---

†1　米の作付面積を減らす政策。
†2　これは上水道の使用量を給水人口で割った量である。一方，用途別の水量を積み上げて求めた個人的に使用する生活用水量は 138 リットル／（日・人）である[2]。

## 8.1.2 河川法

　河川法は，河川管理の基幹をなす法律である。現在の河川法は，**治水**（flood control），**利水**（water use），環境の三つが基本政策となっている。治水は洪水による被害を軽減することである。利水は水を利用することである。1896年に制定された河川法では，主に国土保全のための治水に重点を置いた法律であった。産業の発展が急務であった明治から戦前までは，洪水による資産の損失が大きな問題であり，治水が流域管理で第一と考えられた。利水についても記述があるが，強調はされていない。これは，人口がまだ少なく渇水時の水紛争もごく局所的なものであって，全国規模で展開することがなかったからと考えられる。

　戦後の発展時にエネルギー需要の高まりから，ダム建設が活発になり，農業用水と発電用水の水紛争が顕在化する。そのため，利水について明確化する必要があった。1964年に旧河川法は廃止され，現行河川法が施行された。利水についても強調されるようになり，ここに流域管理の主目的が治水と利水となった。

　社会経済の発展によって都市が拡大し，居住域が河川脇や氾濫原に拡大するようになると，生活空間が河川に近くなり，河川における児童の水難事故が問題になるようになった。そのため河川に人を近付けないための政策が多くの自治体でとられた（図8.2）。しかし，環境意識の高まりと都市化による自然空間の需要から河川を憩いの場として利用する機運が高まった。また，ある時期に降雨がなくかつ水利用が増加し，しばしば瀬枯れ†が生じた。そのため，大量の水

**図8.2** 親水の排除？

---

† 瀬切れともいう。河道に水がなく，流れが途切れることをいう。黄河では断流と呼ばれ，環境に深刻なダメージを与えた。

生生物が死ぬケースが頻発し，景観が損なわれ，河川に最低限の水を残すような要望が強くなった。そのため，1997年に河川法が改正され，環境の概念が含まれるようになった。河川の有効利用に対する世論の高まりから，環境を維持するための維持流量が設定されるようになった。改正後の現行河川法では環境について強く述べられており，治水，利水，環境が流域管理の3本柱といわれている†。

なお，ここでは詳細に述べないが，ほかにも多くの法律によって水資源問題が取り扱われている。河川法の関係法として，特定多目的ダム法，水防法，特定都市河川浸水被害対策法等などの法律がある。河川法以外でも，水質管理において湖沼水質保全特別措置法（湖沼法）は重要な法律であり，水質汚濁防止法や下水道法などとともに流域管理に生かされている。

## 8.2 水　紛　争

河川は多くの支流と長い河道距離を持つため，広い範囲で多くの水利用者がおり，水の取り合いがしばしば顕在化する。日本の過去には，渇水時に上流と下流，右岸と左岸などの対立から様々な**水紛争**（water conflict）が生じてお

---

**コラム**

**水紛争**

水紛争は古くて新しい問題です。好敵手と訳されることも多いライバル（rival）は川を競い争っている人の意味から生まれたとされています。また，シャカ国とコーリヤ国の国境を流れるローヒニー川の水利権を巡る争いを避けるためにガウタマ＝シッダールタは出家をしました。シッダールタは後のブッダのことです。近年では，水を取り合うだけでなく，舟運や漁業資源などについても水紛争があります。ダム建設をめぐる争いも水紛争の一つといえるかもしれません。

---

† 河川法1条の河川管理の目的では，① 災害防止，② 適正利用，③ 流水の維持，④ 環境整備と保全を実現することとされている[3]。

## 8.2 水　　紛　　争

り，水争いや水論などと呼ばれることがあった．堰の破壊や水管理者を殺害する事件がしばしば生じた．また，洪水時にも同様の問題が生じた．住民が対岸の堤防を破壊し，洪水水位を下げて自分の居住側を守ることや，上流堤防を破壊し，下流の氾濫を減じることなどが行われた．このように水管理の困難さは，洪水時や渇水時に生じる．

　世界的に人口が増え続けている中で，その人口を支えるための食糧生産が欠かせないが，そのために農業用水が必要となる．こうした状況を受け，1995年に世界銀行元総裁のセラゲルディンは，「20世紀は石油をめぐる時代だったが，21世紀は水の戦争の時代になるだろう」と発言し，水資源の問題が注目を浴びるようになった．ユーフラテス川上流のトルコが数多くのダムを建設し，下流のシリアのユーフラテス川の水が減少したため，シリアとトルコとの間の緊張が高まった．また，ガンジス川でもインドがファラッカ堰を建設し，下流のバングラディッシュとの間に水問題が生じた．ライン川では水量よりも水質が大きな問題となり，上流国での廃水規制が下流国から要求されるようになった．国を越境する河川を**国際河川**（international river, international watercourse）といい，世界で200以上あるといわれている．国際河川はつねに水利用が国際問題に発展している．欧州には数多くの国際河川があり，しばしば大きな問題となっている．

　国際機関による国際河川の管理は，国際河川問題の有効な解決方法であるとされている．各国が河川に関する権利を国際機関に委ねることによって各国の開発を抑制しようとしている．**メコン河委員会**（Mekong River Commission, **MRC**, 1957年設置）は，開発と水利用の監視を流域国で行うようにすると同時に，経済交流を深める働きをしている．ライン川の場合，**ライン川汚染防止国際委員会**[†]（International Commission for the Protection of the Rhine, **ICPR**）が1963年に設置され，河川の水質に関するルールの設定と監視を各国から委任されている．

---

　† ライン川の国際機関による管理の歴史は長く，1804年には舟運に関する国際委員会が設置されている．

## 8.3　親　水　性

　河川がもつ機能は用水だけでなく，水産資源，景観，レジャーなど多岐にわたる．水資源はこうした目的にも利用される．河川に親しむことを親水というが，河川環境の良さも含めて親水と呼ばれることが多い．

　河川法では，河川の利用区分として，自由使用，許可使用，特許使用の3つに区分されている．自由使用とは，水泳や洗濯，釣り，散策などを指し，特段の許可を得ないで自由に行うことができることを指す．一方，河川の使用が他人の使用に支障を及ぼすような行為，例えば工作物の設置は許可が必要となる．さらに一般に許されない特別の使用を許可すること，例えば河川から引水することは，特許使用と呼ばれている．

　釣りは最も人気のある河川のレジャーかもしれない．河川法によれば，釣りは自由に楽しんでよいとされる．しかし，多くの河川では，自治体によって漁業権が設定されており，一般市民に自由な釣りは認められていない．地元の漁業協同組合が漁業権を保持しており，釣りには入漁許可証を必要とする[†1]．これは，自治体が漁協に水産資源の管理を委託しているといえる．漁業権による水利権すなわち維持流量の請求もあり，生態系の維持に漁業権が利用されることもある．近年では，簗[†2]が観光資源になっており，観光資源を維持するために水利権を要求する場合もある（図8.3）．釣り以外にもボート，カヌーなどのレジャーのための維持流量が設定されているケースもある．

**図 8.3**　最上川白鷹町の簗場

　大きな河川の堤外地の砂州や河畔に林地が形成されていることは珍しくな

---

　†1　一般には漁協が定める遊漁規則に従う．
　†2　河川の流水を引き込み，すのこに上った魚を捕まえる河川構造物．

い。こうした河畔林や中洲の林地は，重要な生息場であると同時に多様な河川環境を提供している。また，地元住民に自然に親しむ格好の場所も提供している。河畔にフットパス[†1]（foot path）や親水公園が設置されている場合もある。一方，洪水時には通水の妨げや流木の発生源になるため，洪水の危険性が増加することに留意する必要がある。

## 8.4　水の質の問題

### 8.4.1　汚　染　場

**水の汚染**（water pollution）は大きな問題であり，世界的にも日本の水俣病やイタイイタイ病は有名である。水に関する**公害**[†2]（common nuisance）は，水質の汚濁によって健康や環境に被害を与えることであって，しばしば大きな損害（外部不経済）を与える。汚染された水を水資源として利用するには，それを浄化するために大きなエネルギーを必要とする。汚染源は，人間活動場に多く，工場や家庭などの局所的な廃水源を**点源**（point source）または特定汚染源と呼び，林地や農地のようなある広がりを持った汚染源を**面源**（non-point source）または非特定汚染源と呼ぶ。

淡水資源に対するもっとも大きな汚染源は，海水または塩水といえる。全世界の水量のうち，97.5％は塩水であり，淡水は2.5％にすぎない。つまり，97.5％は塩水（おもに海水）で汚染されており，農業用水や生活用水に向かず，淡水化には大きなエネルギーを必要とする。特に沿岸域や小島嶼(とうしょ)では塩水浸入による汚染を受けやすい（8.4.3節で詳説）。

水俣病やイタイイタイ病の原因である重金属の汚染は，人体やその他の生物

---

[†1] 河岸に設置された散策道。
[†2] 環境基本法ではつぎのように定義される。「環境の保全上の支障のうち，事業活動その他の人の活動に伴って生ずる相当範囲にわたる大気の汚染，水質の汚濁（水質以外の水の状態又は水底の底質が悪化することを含む），（中略）によって，人の健康又は生活環境（人の生活に密接な関係のある財産並びに人の生活に密接な関係のある動植物及びその生育環境を含む）に係る被害が生ずること。」

に重大なダメージを与えるが，地表水の場合，点源であることが多く，対策をとりやすい．現在では，廃水水質基準を定めると同時に，水質調査により河川の水質管理を行っている．しかし，**地下水汚染**（groundwater contamination）の場合，汚染源を見つけるのが困難であると同時に，汚染域が広域にわたるため，対策をとりにくい．2003年に茨城県神栖町において，旧日本軍の遺棄化学兵器からの漏えいが原因と考えられる有機ヒ素化合物の地下水汚染により，井戸を利用している住民の健康被害が生じた．汚染源と思われる地点は広い地域における長期間の地下水質調査が必要であった．

下水道施設や廃水処理施設が充実してきた近年では，面源の負荷の問題が大きくなっている．農地での施肥は大きな問題を含むことがあり，表面水と地下水ともに高濃度の栄養塩（窒素，リン，カリウム等）がしばしば検出される．特に下流端の閉鎖性水域へのダメージは大きく，湖沼や湾内の水環境を著しく悪化しているケースがある．琵琶湖や霞ケ浦では面源の対策[†1]により，効果を上げているが，劇的な改善は見られない．

### 8.4.2 汚染物質

現在の水質検査方法は水道法によって水質ごとに定められているが，水質問題の歴史は，汚染物質の発見の歴史と等しく，検査項目は増える傾向にある．水質汚染の代表的なものは有機物であり，家庭からの廃水に多く含まれる．以前より，有機物汚染の代表的指標である**生物化学的酸素要求量**（biochemical oxygen demand，**BOD**）や**化学的酸素要求量**（chemical oxygen demand，**COD**）[†2]を減らすことが環境問題の主流であり，現在も変わっていない．鉱山開発や精錬などでは重金属による汚染が問題になり，水俣病やイタイイタイ病のような公害が顕在化した．また，天然由来の重金属もしばしば大きな問題と

---

[†1] 施肥量の削減やファーストフラッシュクリーナー（first flush cleaner，降雨直後の高濃度汚染に対する道路わきの浄化槽）の設置，植生浄化などが行われている．
[†2] BODやCODは，有機物を分解するために必要とされる酸素の量である．値が大きいほど有機物汚染がひどいと評価される．

## 8.4 水の質の問題

なる。バングラデシュやインドのように地下水がヒ素で汚染されていることを知らずに飲用し続けたために，村全体が全滅の危機に瀕(ひん)している地域もある。カンボジアやバングラデシュでは，国際援助によって作られた井戸が数年後にヒ素で汚染され，被害を甚大なものにしたケースもある。日本でも地下水のヒ素はしばしば問題になる。日本の金属汚染として足尾銅山の鉱毒問題は有名である。原因が明確な場合には技術的な対策が立てやすいが，利害関係者との調整は容易ではない。近年では，環境ホルモンの発見によって，生物の生殖機能の損傷が問題になり，クリプトストロジジウムや大腸菌 O-157 のような微生物汚染も顕在化した。さらに最近ではノロウイルスやポリオウイルスのようなウイルスの汚染や人が排出した抗生物質が生態系に与える影響も問題となっている。一方，浄化による物質変化も問題であり，塩素消毒によって生じるトリハロメタンの発がん性や凝集剤のアルミニウム成分とアルツハイマー病との関係性がしばしば疑われた。

河川水の水質検査技術の向上によって，さまざまな危険物質が検出されるようになり，新しい問題が顕在化している。新しい物質の検出によって新しい問題が発見されたこれまでの歴史から，今後将来にわたって新しい水質汚染の発生が予想される。

---

**コラム**

**水系感染症**

アメーバ赤痢やコレラなどは汚染された水を飲用することによって感染します。この対策として，浄化施設の導入による殺菌が効果的です。事実，衛生面が整っている先進国ではほとんど見られません。一方，マラリアやデング熱のような水を介して繁殖する病害虫によって間接的に広がる感染症もあります。日本住血吸虫やツツガムシなどは，コンクリート護岸などの社会基盤整備によって封じ込めてきましたが，近年では地球温暖化のためか，デング熱やマラリアの北上が進んでいて，新たな水系感染症の可能性が生じています。

### 8.4.3 塩水問題

最も身近な地下水汚染は沿岸域の**塩水浸入**（salt water intrusion）である。沿岸部では密度の大きい塩水が常時，内陸部において淡水の下部に浸入している。島では，図8.4のように静水圧のバランスによって地下に淡水がレンズ状に存在しているので，この淡水部分を淡水レンズと呼ぶ。密度差と水位差による圧力差を解けば，淡水塩水の界面高度を知ることができる。ガイベンとヘルツベルグはこの関係式を以下のように導いた。

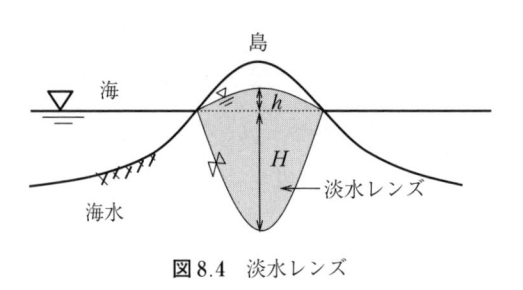

図8.4 淡水レンズ

$$H = 40h \tag{8.1}$$

ここで，$h$ は海面上の淡水水位であり，$H$ は海面下の淡水深である。淡水レンズを考えると，島嶼や沿岸域における過剰な地下水のくみ上げは，井戸の下部からの塩水を浸入させる。これは，しばしば水位を見て淡水資源が豊富にあると思う利用者に驚きを与える。塩水浸入域では，地下水管理に十分配慮する必要がある。

塩水浸入の対策として地下ダムがある。この場合，地下ダムは沿岸域の地下に擁壁を設置して塩水浸入を防止する役割を果たす。塩水浸入を封じるには長い距離の擁壁が必要であり，コストを要する。そのため，観光地や農業生産性の高いような便益の大きい地域に建設される傾向がある。

## 8.5　地球規模の問題

### 8.5.1 温暖化

地球温暖化が水循環に大きな影響を及ぼすことは簡単に想像できる。温暖化を引き起こす原因の一つと考えられているのが大気中の気体成分による温室効果である。2章で学んだ熱収支を用いてこのメカニズムを考える。

## 8.5 地球規模の問題

まず，温室効果がまったくない状態の地球の温度を見る。大気上端に降り注ぐ太陽放射量は太陽定数 $I_0$ という。

$$I_0 = 1\,360\,\mathrm{W/m^2} \tag{8.2}$$

地球の半径を $a_r$ とすると，地球に入射する太陽放射は，投影面積 $\pi a_r^2$ に太陽定数を乗じたものである。地球のアルベド $r_f$ を考慮すると地球表面[†]に入射する熱量は，$(1-r_f)\pi a_r^2 I_0$ となる。また，暖められた地球は地球全表面から熱を赤外線として射出する。2.2.2項で述べたステファン・ボルツマン式より，地球全表面から放出される熱量は，地球表面温度 $T_e$ を用いると $4\pi a_r^2 \sigma T_e^4$ である。入射量と放出量が等しい平衡状態を考えると

$$\pi a_r^2 (1-r_f) I_0 = 4\pi a_r^2 \sigma T_e^4 \tag{8.3}$$

すなわち

$$T_e^4 = \frac{1}{\sigma} \frac{1-r_f}{4} I_0 \tag{8.4}$$

である。地球のアルベドはだいたい 0.3 であるので，それぞれの定数を代入すると，$T_e = 254\,\mathrm{K}$ を得ることができる。

実際の地球には大気があり，その気体成分による温室効果があるため，平均気温はこの温度より高い。いま，温室と同じように大気は可視光線をすべて通し，赤外線は一部を吸収するものとする。この吸収する割合を黒体度 $\varepsilon$ という。つまり，$(1-\varepsilon)$ の割合で赤外線は大気を透過する。温室効果ガスの割合が多ければ黒体度は大きくなり，大気を温める。大気の熱収支は，図 8.5 に従えば

$$2\varepsilon\sigma T^4 + (1-\varepsilon)\sigma T_s^4 = \sigma T_s^4 \tag{8.5}$$

となる。ここで $T$ は大気温度，$T_s$

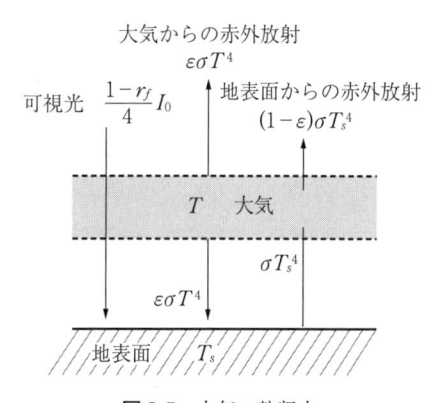

図 8.5 大気の熱収支

---

[†] ここでいう地球表面とは，大気と地面を含んだ領域を指す。

は地表面温度である.赤外線が放出される面積は地球表面全体である.

一方,地表面の熱収支は,式 (8.3) に従えば

$$\pi a_r^2 (1-r_f) I_0 + 4\pi a_r^2 \varepsilon \sigma T^4 = 4\pi a_r^2 \sigma T_s^4$$

となり

$$\frac{1-r_f}{4} I_0 + \varepsilon \sigma T^4 = \sigma T_s^4 \tag{8.6}$$

を得ることができる.式 (8.6) の左辺第1項は式 (8.4) から $\sigma T_e^4$ と置き換えることができる.式 (8.5),(8.6) から $T_s$ を求めると

$$T_s = \sqrt[4]{\frac{2}{2-\varepsilon}} T_e \tag{8.7}$$

となる.$T_e$ としてすでに 254.5 K を得ているので,黒体度によって地表面温度を求めることができる.例えば,地球の平均気温を 15℃ (288.15 K) とすると,黒体度は約 0.78 を得る(**表 8.2**).温室効果ガスが増えると黒体度が増加し,地表面温度は上昇することになる.

**表 8.2** 黒体度と地表面温度の関係

| 黒体度 $\varepsilon$ | 0.00 | 0.50 | 0.78 | 1.00 |
|---|---|---|---|---|
| 地表面温度 $T_S$ 〔K〕 | 254.5 | 273.5 | 288.2 | 302.7 |

温室効果ガスの代表的なものは水蒸気と二酸化炭素である.水蒸気量は過去から大きく変化していないが,産業革命以降,二酸化炭素の排出量が増えたため黒体度が上昇している.2007 年に発表された**気候変動に関する政府間パネル**(Intergovernmental Panel on Climate Change,**IPCC**)の第4次報告書では,100 年間で 0.74℃ の気温上昇があったと述べている(**図 8.6**).

気温の上昇は蒸発散量を増やすことになり,一部の地域では乾燥化が進む.また,水循環システムも変化することになり,日本では豪雨や渇水の頻度が増えることが懸念されている[4].

8.5 地球規模の問題

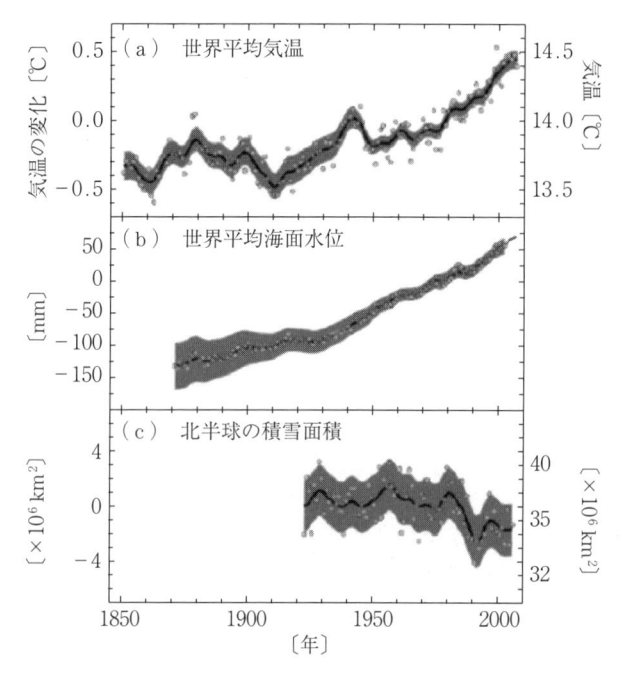

**図8.6** IPCC第4次報告書（AR4）による
気温，海面水位，積雪面積の経年変化

## 8.5.2 砂　漠　化

砂漠化[†1]は多くの場合，人為的影響によって生じる。黄河流域では，灌漑地域の拡大によって河川流量が減少すると同時に，放牧地の拡大によって砂漠化が進行した。砂漠では風による砂の移動が活発なため，植生が定着しにくく，かつ砂漠はその領域を拡大する傾向がある。植生に覆われている地域では，植生自身が蒸散を抑制することによって土壌水分の減少が穏やかであるが，裸地では，蒸発によって土壌水分は速やかに減少する。中国では，林地の復活のために退耕還林[†2]を奨励している。ここで注意するのは，一般に植林

---

[†1] 砂漠化は乾燥化によって生じる。乾燥化は気候変動や河道変化によって生じる。ともに自然変化によっても生じる。
[†2] 耕作地を林地に戻す政策または運動。

は蒸発散を増やす傾向にあるので，森林は水資源賦存量†を減らす作用があることである。森林の効果は，洪水時のハイドログラフのカーブを穏やかにし，より安定した流量を生み出すことと，山腹斜面を安定化させ土砂生産量を抑制することにある。黄河と同様の問題は，アラル海でも顕著である（**図8.7**）。アラル海は流入するアムダリア川の灌漑利用によって，湖面面積の急激な減少と周辺の砂漠化が進行した。これによって深刻な環境破壊をもたらし，修復は不可能とさえいわれている。水資源の転用は，広い範囲に重大な被害をもたらす可能性が高く，慎重に行わなければならない。

**図8.7** 湖岸から遠くなったアラル海の元港町[5]

### 8.5.3 水の市場化

水資源を**配分**（allocation）するとさまざまな利害関係が生じる。最適な水配分を決定することはしばしば困難である。水が無料であると，水を多く使うほうが得であるとする意思が働き，水の取り合いが生じる。そこで市場原理を導入して，需要と供給から自動的に水に価格をつけて，水を配分する考えが広く取り入れられるようになった。この考えは「共有地の悲劇」に基づいているとされる。共有地の悲劇とは，共有財に価格が設定されないと資源を使い尽く

---

† 水資源賦存量＝降水量－蒸発散量。

してしまう悲劇を表現している[†]。一見，水の市場化はうまくいくように思える。しかし，低所得の人は水を購入できず，生命の維持が危ぶまれる事態がいくつか生じた。水や空気のようなものは**コモンズ**(commons)と呼ばれ，価格を付けることにむかないとする意見もある。フィリピンのマニラでは，水道の市場化によって盗水が横行するようになり，水の市場化が崩壊した。日本では渇水時に利害関係者による協議が河川管理者のもとで行われ，配分を決定するようにしている。しかし，他国と同様，合意を得ることはしばしば困難である。

水資源が不足すると，他の地域から水を持ち込むことが考えられる。シンガポールはマレーシアから水を購入しており，都市用水に利用されている。先に述べたトルコは，水をキプロス島やサウジアラビアに船で輸出している。日本においても，東京都は群馬県や埼玉県の水を利用しており，上流のダム建設費用を負担している。こうした水の輸送は，水が戦略物資になりうることを示している。

近年では直接的な水の輸送だけでなく，間接的な水の輸送についても議論されるようになっている。日本は多くの農産物を海外に依存しているが，これらの農作物を生産するには水を必要としており，農産物を輸入することは，水を

---

**コラム**

**ニューウォーター**

シンガポールは淡路島ほどの大きさに5百万人ほどいる過密な都市国家です。その水資源は，マレーシアから長年輸入することで確保されています。2016年に水輸入の契約が切れることとマレーシアが価格を100倍にするなどの圧力に対して，シンガポールは安全保障上，自前の水資源の確保が必要となりました。その一つが**ニューウォーター**（NEWater）と呼ばれる水資源です。これは下水を徹底的に浄化し，飲料水としたものです。飲料水としての人気がないため，販売は軌道に乗っていません（2010年現在）。そのため，一度貯水池に戻してから再度，水道水として利用するようにしています。水の完全リサイクルはコストのかかるものですし，経済性について問題も多くあります。

---

[†] つぎのような寓話がよく紹介される。「羊飼いが無料の（共有地の）草原に多くの羊を放ったため，草原は不毛になり，羊飼いも餓死した。」

輸入していることに他ならないとする考え方がある。こうした間接水を**仮想水**（virtual water）と呼ぶ。沖ら[6]によると日本は年間640億$m^3$の仮想水を海外から輸入しており，これは国内農業の年間水使用量580億$m^{3\dagger}$を上回るとしている。農産物の輸入は，水だけでなく土地や気候（日射や温度）の不足も補っていると考えることもできるが，仮想水の概念は，相手国の水の間接的な利用量を知るためのわかりやすい指標である。一方，水利用は最適な地域で行うほうが世界的にみて効率的とする考え方もある。つまり，日本のような労賃が高く，土地もせまく急峻で農業の大規模化が困難な地域よりは，アメリカや中国のように土地が広く，合理化によってコストを低く抑えられる地域で生産したほうが，水を効率的に利用できる。こうした効率的な生産地域は，他の地域より比較優位であるという。比較優位な地域で農業生産を行うほうが世界的に水を有効利用していると考えられる。突き詰めると最も安い地域から農産物を購入することが最も水を節約していると考える。この観点では日本は仮想水によって，世界的な水利用を節約しているともいえる。しかし，こうした考え方は，食糧を海外に依存することにつながり，国家の安全保障上に問題があるとされている。実際には，経済原理に従って世界の水利用が決定されるわけではない。

### 演習問題

〔**8.1**〕 世界の水資源賦存量を調べよ。
〔**8.2**〕 江戸時代に生じた水論または水争いについて，地域，理由，顛末について調べよ。
〔**8.3**〕 温暖化によって水循環はどのように変化するか考察せよ。
〔**8.4**〕 家の周辺の親水施設を訪れて，長所と短所を述べよ。

---

† この量は**天水**（green water）も含む。農業用水（灌漑用水）は blue water といい，農業用水だけを考えた仮想水は仮想投入水と呼んで区別される。

# 付録1 リモートセンシング

## 付1.1 リモートセンシングとは

**リモートセンシング**（remote sensing）とは，離れた場所から直接触れずに対象物を同定あるいは計測し，またその性質を分析する技術である[1]。現在はさまざまな分野において応用されている。写真は代表的なリモートセンシングの技術であるし，毎日のように見る天気予報の雲画像は人工衛星を用いた赤外線のリモートセンシングである。水文学では1980年頃からリモートセンシングを用いた研究が活発になった。特に人工衛星によるリモートセンシングは，地球上の水循環を観測するのに大きく貢献した。雲の観測データを用いた降雨分布予測，植生活性度の解析による広域蒸発散量推定，氷河域の観測による貯留量変化推定など，リモートセンシングによる数多くの成果が地球上の水循環推定の精度を向上させ，水文学を大きく発展させた。現在ではレーダによる降雨分布の逐次予測や，電波による大気水蒸気量などの推定も行われている。本章では電磁波を利用したリモートセンシング技術の概略について述べる。

## 付1.2 電磁波の性質

リモートセンシングの原理は，カメラの原理と変わらない。対象物から発せられる光（電磁波）を捉えて，画像化することである。

人間に最も身近な電磁波は可視光線である。可視光線は人の目で**知覚**（sense，センス）できるものであり，太陽から放射された光の反射光を目でセンスしている。地表面に到達する電磁波で最もエネルギーの大きいものは可視光線である。可視光線をプリズムに通すと波長の長いほうから赤橙黄緑青藍紫の色として見ることができる。可視光線のつぎに身近で，地表到達エネルギーが大きいのは赤外線である。熱したストーブに横から手をかざすと暖かいのは，赤外線が放射されているからである。赤外線は熱（温度）を持つ物体から放射される。そのため，太陽放射がなくとも赤外線を発する。夜間の台風の移動画像が見えるのは，雲と地表面の温度差によって受け取る赤外線の強弱が違うからである（2.2.2項を参照）。この二つの波の地表面の入射エネルギーが全電磁波の入力のほとんどを占める（**付図1.1**）。そのため，これら可視光線と赤外線を，それぞれ短波，長波と呼ぶこともある†。これら以

---

† 長波と短波という用語はさまざまな分野で用いられる。**付表1.1**には電波の長波と短波が記されている。2章のような地上熱収支を考える際の長波と短波は赤外線と可視光線を指す。水理学では，津波のような水深に比べて波長の長い波を長波とも呼ぶ。

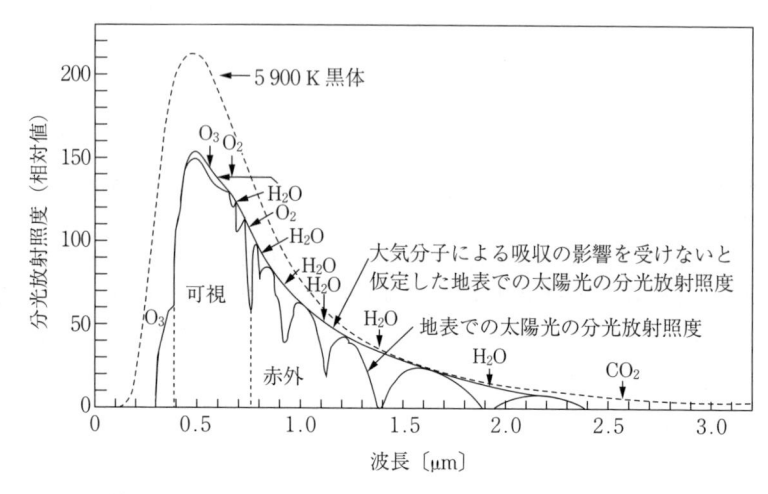

付図1.1 地表における太陽光の分光放射照度と黒体との比較

付表1.1 電磁波の分類

| 名称 | | | 波長範囲 | 周波数範囲 |
|---|---|---|---|---|
| X線 | | | 1 pm 〜 10 nm | 30 PHz 〜 300 EHz |
| 紫外線 | | | 10 nm 〜 0.4 μm | 750 THz 〜 30 PHz |
| 可視光線 | | | 0.4 〜 0.7 μm | 430 〜 750 THz |
| 赤外線 | 近赤外 | | 0.7 〜 1.3 μm | 230 〜 430 THz |
| | 短波長赤外 | | 1.3 〜 3 μm | 100 〜 230 THz |
| | 中間赤外 | | 3 〜 8 μm | 38 〜 100 THz |
| | 熱赤外 | | 8 〜 14 μm | 22 〜 38 THz |
| | 遠赤外 | | 14 μm 〜 1 mm | 0.3 〜 22 THz |
| 電波 | サブミリ波 | | 0.1 〜 1 mm | 0.3 〜 3 THz |
| | マイクロ波 | ミリメートル波（EHF） | 1 〜 10 mm | 30 〜 300 GHz |
| | | センチメートル波（SHF） | 1 〜 10 cm | 3 〜 30 GHz |
| | | デシメートル波（UHF） | 0.1 〜 1 m | 0.3 〜 3 GHz |
| | 超短波（VHF） | | 1 〜 10 m | 30 〜 300 MHz |
| | 短波（HF） | | 10 〜 100 m | 3 〜 30 MHz |
| | 中波（MF） | | 0.1 〜 1 km | 0.3 〜 3 MHz |
| | 長波（LF） | | 1 〜 10 km | 30 〜 300 kHz |
| | 超長波（VLF） | | 10 〜 100 km | 3 〜 30 kHz |

E（エクサ）：$10^{18}$, P（ペタ）：$10^{15}$, T（テラ）：$10^{12}$, μ（マイクロ）：$10^{-6}$, n（ナノ）：$10^{-9}$, p（ピコ）：$10^{-12}$

付1.3 画 像 解 析

外の電磁波も入射しており，可視光線の紫色の波長より短い紫外線や赤外線より長いマイクロ波などが存在するが，電磁波全体のエネルギー量に占める割合は小さい。

地球上にはさまざまな電磁波が存在しており，波長別に名前がつけられている（付表1.1）。波長の長さは障害物の透過性と関係がある。可視光線や赤外線のカメラは，雲があると宇宙から地上を見ることができない。物体より短い波長の電磁波は，普通，物体に**反射**（reflection）される。物体よりも長い波長であれば，物体を透過する。マイクロ波のカメラは，雲粒よりも波長が長いため，雲を透過して地上を写すことができる。しかし，波長が長く，地上の形状によって地表面の**散乱**（scattering）が生じるため，そのまま可視光線のような写真解読はできない。

## 付1.3 画 像 解 析

### 付1.3.1 画 像 情 報

リモートセンシング技術を，LANDSATの画像を例に具体的に説明する。

付図1.2は宮城県仙台市近郊の熱赤外線画像（10.4～12.5μm）である。白いほど赤外線の放出が大きく，地表面温度が高いことを表している。逆に黒いほど温度が低い。この画像は小さな点情報の集まりで構成されており，点情報は数値データである。この点のことを**画素**（ピクセル，pixel）といい，その数値データを輝度または**画素値**（pixel value）という。1 pixelがカバーしている地上の大きさを**空間分解能**（spatial resolution）という。付図1.2のband 6の場合，空間分解能は120 mであり，1画素は120 m四方の範囲内からの赤外線放射量データを表現している。また，0.1℃などの温度をどの程度細かく計測できるかを表す温度分解能もある。こうした分解能を**物理分解能**（physical resolution）という。

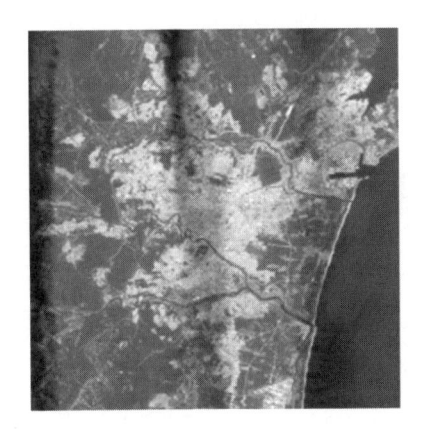

**付図1.2** LANDSATのband 6の仙台市近郊画像（2000年9月21日）

## 付1.3.2 幾何補正

この画像から正確な温度情報を得るにはいくつかの手順が必要である。まず，第一に得られた画像が地図と座標が合致するように変換しなければならない。上空から撮影した画像は，地球が球面である影響や人工衛星自身が傾いているため，画像がひずんでいる。そこで，**基準点**（ground control point, **GCP**）を設けて，位置補正を行う。このことを**幾何補正**（geometric correction）という。GCPは，海岸線や湖沼，巨大な構造物などを参考に設定する。上の画像では仙台港の突堤，河口，河川分流地点などがGCPに適している。**付図1.3**に点Aから点DをGCPにした場合の幾何補正の概念図を示す。最も簡単な幾何補正は，東西南北方向に平行移動するものである。最近では人工衛星の姿勢情報から自動的に幾何補正した画像が提供されており，こうした画像の小さい範囲を抜き出した場合は，この方法でもおおよそ問題はない。同様に自動幾何補正によって局面的なひずみがない場合には，次式で表される縮尺，回転，移動を考慮したヘルマート変換がよく用いられる。

$$\begin{pmatrix} x' \\ y' \end{pmatrix} = \begin{pmatrix} a & b \\ -b & a \end{pmatrix} \begin{pmatrix} x \\ y \end{pmatrix} + \begin{pmatrix} x_0 \\ y_0 \end{pmatrix} \qquad (付1.1)$$

ここで，'は変換後の座標，$a$ と $b$ は変換係数，$x_0$ と $y_0$ は変換後，原点となる座標である。この場合，係数が二つなので，GCPが2点あれば変換係数を求めることができる。付図1.3のように四辺のひずみがあるような場合は，以下の擬似アフィン変換が用いられる。

$$\left. \begin{aligned} x' &= axy + bx + cy + x_0 \\ y' &= dxy + ex + fy + y_0 \end{aligned} \right\} \qquad (付1.2)$$

この場合，変換係数が六つあるため，GCPは6地点必要である。航空写真によく利用される偏位修正のためのつぎの射影変換もよく利用される。

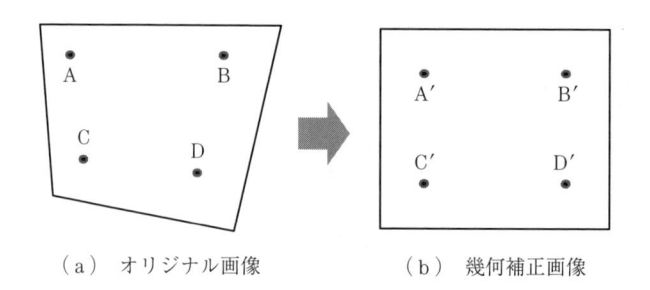

（a）オリジナル画像　　　（b）幾何補正画像

**付図1.3** 幾何補正

$$\left.\begin{aligned} x' &= \frac{a_1 x + a_2 y + a_3}{a_7 x + a_8 y + 1} \\ y' &= \frac{a_4 x + a_5 y + a_6}{a_7 x + a_8 y + 1} \end{aligned}\right\} \qquad (付1.3)$$

これらのほかにも放物ひずみを補正する2次変換や，より複雑な3次ひずみ変換などがある．

### 付1.3.3 物理量変換

赤外線画像は温度の強弱を表しており，その強度はステファン・ボルツマン式に依存するはずであるが，大気を通過する際に吸収や射出の影響を受け，絶対温度を画像から直接求めることは困難である．これは赤外線画像だけでなく，他の波長帯の画像も同様である．そのため，地表面の観測データとの比較によって画像データを物理量に変換することがしばしば行われる．こうした地上の物理量変換用の観測データを **GTD**（ground truth data）という．

ここでは，異なる波長の赤外線データから，対象の温度を求める**スプリットウィンドウ法**[†]（split window method）を例にして，物理量への変換を説明する．幾何補正の後，同地点の地表面温度 $T_s$ と異なる赤外線波長の画素データをそれぞれ $T_1$, $T_2$ とすると

$$T_s = a + bT_1 + cT_2 \qquad (付1.4)$$

によって地表面温度を求めることができる．係数 $a$, $b$, $c$ を求める方法はいくつか提案されているが，温度幅が大きくなければ複数のGTDを用いた最小二乗法で得ることができる．このように複数の波長データを用いることを**多波長法**（multi-channel method）と呼び，大気の影響を除去するのに利用されている．

### 付1.3.4 NDVI

多波長法によって得られる代表的なものが**正規化植生指標**（normalized difference vegetation index, **NDVI**）である．**付図1.4**は赤の波長帯と近赤外線帯の画像である．

両画像とも白い部分が反射の強い地域である．両画像において反射の高い地域が異なる．赤の波長帯は，可視光線の一部であるため，人の目で見るのと同様な強弱となる．一方，右の近赤外線の波長帯は，葉緑素に強い反射を示すことが知られている．近赤外線の反射の高い領域は，植生が多く存在していることを表している．そのため，植生を評価するために以下の式によるNDVIがよく利用される．

---

[†] 一般に，この温度変換は海面温度に対して用いられる．地上では地表面温度の代表性や水蒸気の空間分布が大きく異なるため，本手法の誤差は大きい．

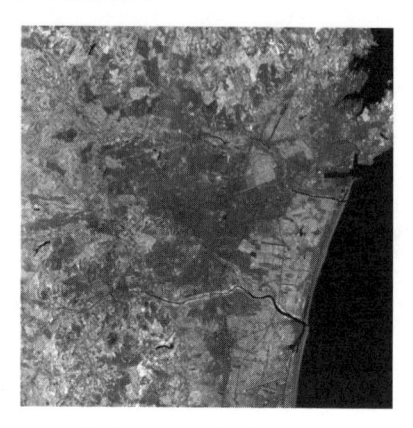

(a) band 3（赤の波長帯）　　　　(b) band 4（近赤外線帯）

**付図 1.4**　LANDSAT の画像

$$NDVI = \frac{NIR - VIS}{NIR + VIS} \tag{付1.5}$$

ここで，$NIR$ と $VIS$ は近赤外線と可視光線の観測値（輝度値）であり，上のLANDSAT 画像の場合は，それぞれ band 4 と band 3 の値に相当する。両波長の差分を正規化しているため，大気の影響を除くことができる。NDVI 画像を**付図 1.5** に示す。図の中心部である仙台市街は黒い低い値を示し，山岳域は白い高い値を示していることがわかる。この NDVI はさまざまな水文量の推定に用いられている。樹冠遮断を求める際に用いる LAI は NDVI とよい相関を持つといわれている。さらに NDVI は流出モデルのパラメータの推定や蒸発散の推定などにも利用される。

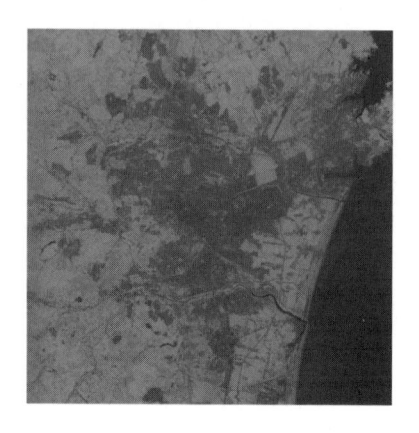

**付図 1.5**　NDVI 画像

付1.3 画像解析

## 付1.3.5 画像化

付図1.4や付図1.5は輝度の強弱を黒から白色で表現している。こうした白黒の濃淡で表現する画像を**グレースケール**（gray scale）画像という。人の目は，カラー画像として認識しているが，これは赤と緑，青の光を合成して見ている。この3色を三原色といい，red, green, blue の頭文字をとってRGBと表現することがある[†]。ディスプレイや印刷する際に画素のRGB値を指定することによって色をつけることができる。例えば，1画素の最大値が255の場合，白色はRGB値がそれぞれ255を持ち，黒色は0を持つ。リモートセンシングでは，さまざまな波長帯のデータをRGBに割り振ってカラー画像を作成することができる。これによって見たい対象物を強調することができる。代表的なものとして以下のような画像がある。

（1）トゥルー画像

**トゥルー画像**（true image）は，RGB値にリモートセンシングで得た赤，緑，青の波長帯のデータを割りつけることにより，人の目で見えるものとほぼ同じ状態にしたものである。人工衛星を利用した場合，青色の波長の光線は，大気中で散乱しやすいため，十分なエネルギーを人工衛星で受けることができず，暗くくすんだ画像になることが多い（**付図1.6（a）**）。

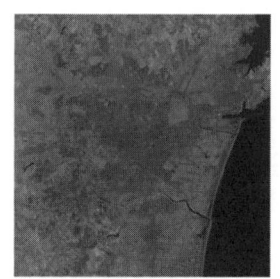

（2）ナチュラル画像

**ナチュラル画像**（natural image）は，RGB値にそれぞれ赤の波長帯，近赤外線，緑の波長帯を割りつけて発色させたものである。近赤外線は葉緑素に強く反射するため，緑に割りつける。都市域が白く見え，自然に近い色合いになる（図（b））。

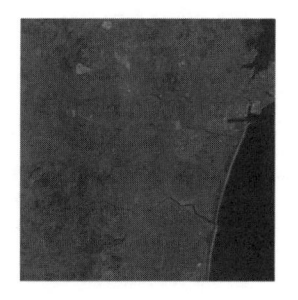

（3）フォールス画像

**フォールス画像**（false image）にはさまざまな割り振り方があるが，代表的なも

（a）トゥルー画像　　（b）ナチュラル画像　　（c）フォールス画像

**付図1.6** 代表的なカラー画像

---

[†] 色をつけるにはRGB以外にもさまざまな方法がある。例えば，**HLS**（色相：hue，明度：lightness または luminance, intensity，彩度：saturation）がよく利用される。

のとして，RGB に近赤外線，赤，緑を割り振った図（c）のようなものがある。ナチュラル画像と同じであるが，植生部分が赤色になっており，植生の分布をより詳細に見ることができる（図（c））。

以上，LANDSAT の画像を例に挙げてきたが，他の波長帯を持つリモートセンシングデータを用いれば，他の物理量を抽出することが可能である。紫外線や近赤外線はそれぞれ，オゾン層や大気の水蒸気の観測に利用されている。レーダ雨量計は電波を用いている。また，人工衛星によって重力場を観測して，地下水量を推定する[†1]方法もリモートセンシングの一つである。

## 付1.4 観 測 機 器

リモートセンシングは，電磁波を計測する半導体測器をおもに利用するが，この測器を載せる**プラットフォーム**（platform）の性質に観測条件が制約される。人工衛星の場合，宇宙空間にあるため，地上までの距離が長く，空間分解能は地上観測より大きい。地上分解能を小さくするために地上近く飛行すると**回帰日数**（recurrent time）が長くなり，同じ地点の観測間隔が長くなる。35 800 km 上空にある静止気象衛星のように同じ地点を短い間隔で観測する場合には，空間分解能は大きくなる[†2]。**宇宙航空研究開発機構**（Japan Aerospace Exploration Agency, **JAXA**）が 2006 年に打ち上げた「だいち」（ALOS, Advanced Land Observing Satellite）は 10 m の地上分解能を持つが，回帰日数は 49 日（高度 690 km）である。

航空機を用いたリモートセンシングは，低空を飛行できるため，高い空間分解能のデータを得ることができる。また，雲や大気の影響を受けにくく，的確に目的地点のデータを収集できる。しかし，データ取得のためのコストが高く，継続的に観測することには向かない。

降水や大気の水蒸気の状態などの観測には，地上からのリモートセンシングが有効である。降雨レーダはその典型である。

---

[†1] 地下水が存在するとその部分の地下の質量は変化するので，重力も変化する。
[†2] LANDSAT の飛行高度は約 700 km。

# 付録2 乱流拡散

## 付2.1 ニュートン流体

　水道の蛇口をゆっくりと開ける。すると初めは乱れることなく直線的に流下する。水量が増え，ある程度の流速になると直線的であった流れは乱れ始める。この流れの状態を**乱流**（turbulent flow）といい，蛇口の開けてすぐの直線的な流れを**層流**（laminar flow）という。乱流は大小の渦によって構成されている。水文現象の多くは乱流現象である。風や川の流れが均一でなく，速くなったり遅くなったりするのは，乱流であるからである。

　風や川は，空気や水を媒体にした流れである。流れを形成する気体と液体を総称して**流体**（fluid）という。流体はそれ自身決まった形を持たず，固体のように変形に対して抵抗して元の形に戻ろうとはしない[†1]。流体の場合は，元に戻ることはなくとも，変形する際に抵抗を示す。この性質を**粘性**（viscosity）という。川の流れの中に流速差があると，速い水と遅い水の間には摩擦が働く。この摩擦応力をせん断応力という[†2]。壁に接した流れが**付図2.1**のような流速分布 $du/dz$ を持つ場合，流速勾配とせん断応力 $\tau$ は

$$\tau = \mu \frac{du}{dz} \qquad (付2.1)$$

の関係がある。この関係を持つ流体のことを**ニュートン流体**（Newtonian fluid）という。

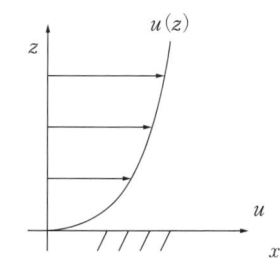

付図2.1　壁に沿った流れの流速分布

## 付2.2　運動量保存則

　乱流現象は，先に述べたように流れに乱れが存在し，流れは間欠的に加速減速を繰り返している。**付図2.2**のように流速 $u$ の流速変動を $u'$ と表記する。加速減速は

---

[†1] 元に戻ろうとするこの性質を弾性という。
[†2] 単位面積当りに働く力を応力という。

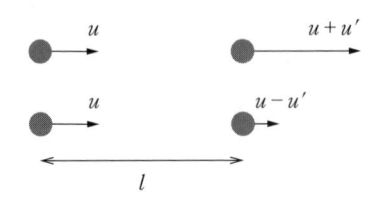

**付図 2.2** 水粒子の加速・減速

せん断力を受けると生じる。このときの力と流速の関係は，運動量保存を考えると

$$F\Delta t = mu'  \quad (付2.2)$$

と表記される。ここで，$F$ は水粒子にかかる力，$\Delta t$ は力のかかる時間であり，$m$ は水粒子の質量である。水粒子が通過する面積を $A$ とすると

$$F\Delta t = \rho A u' \Delta t\, u'$$
$$\tau = \rho u' u' \quad (付2.3)$$

が得られる。ここで，$u'u'$ をある短い時間平均 $\overline{u'u'}$ を考えると

$$\tau_{xx} = -\rho \overline{u'u'} \quad (付2.4)$$

を得る。ここで $\tau_{xx}$ は応力テンソル表記[†]に従っており，負号は減速する摩擦力の方向を表している。この応力のことを**レイノルズ応力**（Reynolds stress）という。

蒸発散を表記した式（2.20）も同様に求めることができ，式（付2.2）において蒸発流量を $Q_E$ とした場合の

$$Q_E \Delta t = \rho A w' \Delta t\, q' \quad (付2.5)$$

から以下のようになる。

$$E = \rho \overline{w'q'} \quad (2.20)$$

ブジネスクは，レイノルズ応力をニュートン流体の定義のように

$$\tau = -\rho \overline{u'v'} = \rho \varepsilon \frac{d\overline{u}}{dz} \quad (付2.6)$$

と表記することを考えた（ブジネスクの仮定）。ここで摩擦係数を $\mu$ 〔N·s/m²〕，動粘性係数を $\nu$ 〔m²/s〕とすると $\mu = \rho \nu$ であることから，$\varepsilon$ と動粘性係数 $\nu$ は同じ次元を持つ。$\varepsilon$ は**渦動粘性係数**（kinematic eddy viscosity）と呼ばれる。

乱流における流速の変動成分 $u'$ と $w'$ は不規則であるが，実際に観測すると**付図 2.3** のように負の相関があることが知られている。

付図 2.2 の距離 $l$ の間の変動成分 $u'$ は，付図 2.1 のような平均速度の勾配に比例すると考えると

---

[†] $xyz$ 座標系で 3 次元の微小な立方体を考えた場合，$yz$ 平面から $x$ 方向に働く応力の方向を $xx$ としている。例えば，$xz$ 平面上の $x$ 方向は $yx$ と表記される。

## 付2.2 運動量保存則

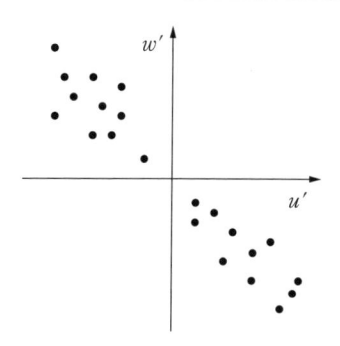

**付図2.3** 流速変動分布概念図

$$u' = l \frac{d\overline{u}}{dz} \tag{付2.7}$$

となる。レイノルズ応力 $\tau_{xx} = -\rho\overline{u'u'}$ に上式を代入すると

$$-\rho\overline{u'u'} = \rho l^2 \left|\frac{d\overline{u}}{dz}\right| \frac{d\overline{u}}{dz} \tag{付2.8}$$

$$\varepsilon = l^2 \left|\frac{d\overline{u}}{dz}\right| \tag{付2.9}$$

を得る。式(付2.8)の右辺の絶対値はレイノルズ応力と符号が一致するように設定されている。これは**プラントルの混合距離の仮説**（Prandtl's mixing length hypothesis）と呼ばれ、$l$を混合距離という。

壁面近くでは、乱流運動は壁からの距離に影響を受けるので、混合距離$l$は$z$に比例すると考えられる。

$$l = \kappa z \tag{付2.10}$$

この$\kappa$は**カルマン定数**（Karman constant）と呼ばれ、約0.4である。したがって、式(付2.8)は

$$-\rho\overline{u'u'} = \rho\kappa^2 z^2 \left|\frac{d\overline{u}}{dz}\right|\frac{d\overline{u}}{dz} \tag{付2.11}$$

と表現できる。

$$\frac{du}{dz} = \frac{1}{\kappa z}\sqrt{\frac{\tau}{\rho}} = \frac{u_*}{\kappa z} \tag{付2.12}$$

ここで

$$u_* = \sqrt{\frac{\tau}{\rho}} \tag{付2.13}$$

である。$u_*$は**摩擦速度**（friction velocity）と呼ばれ、速度と同じ次元を持つ。この式を、「$z_0 = 0$で$u = 0$」の条件で積分すると

$$\frac{\kappa u}{u_*} = \ln \frac{z}{z_0} \qquad (z \gg z_0) \tag{付2.14}$$

となり，壁付近の流速が対数関数の形†で表現できることがわかる（付図2.1）。$z_0$ は地表面の空気力学的粗度（**粗度長**：roughness length）と呼ばれる。植生地の場合は，地表面の基準面がよくわからない。そこで，**ゼロ面変位**（zero-plane displacement）と呼ばれる高さ $d$ を導入すると，風速の対数分布は

$$u = \frac{u_*}{\kappa} \ln \frac{z-d}{z_0} \tag{付2.15}$$

となる。

同様に式 (2.20) から蒸発散量を導くと，つぎのようになる。

$$E = \rho \overline{w'q'} = -\rho l^2 \left|\frac{d\overline{u}}{dz}\right| \frac{d\overline{q}}{dz} \tag{付2.16}$$

$$\frac{E}{\rho} = -(\kappa z)^2 \left|\frac{d\overline{u}}{dz}\right| \frac{d\overline{q}}{dz} = -\kappa z u_* \frac{dq}{dz} = -u_* q_* \tag{付2.17}$$

$$q_* = -\frac{E}{\rho u_*} \tag{付2.18}$$

ここで，$q_*$ は摩擦比湿である。式（付2.17）から

$$\frac{dq}{dz} = \frac{q_*}{\kappa z} \tag{付2.19}$$

となり，これを式（付2.14）と同じように積分すると，風速と同様に対数分布が得られる。

$$q_s - q = -\frac{q_*}{\kappa} \ln \frac{z-d}{z_q} \tag{付2.20}$$

比湿でなく，温度を用いると顕熱輸送量を求めることができる。

$$T_* = -\frac{H}{c_P \rho u_*} \tag{付2.21}$$

ここで，$T_*$ は摩擦温度であり

$$\Theta_s - \Theta = -\frac{T_*}{\kappa} \ln \frac{z-d}{z_T} \tag{付2.22}$$

の対数分布を得る。ここで，$z_q$ と $z_T$ はそれぞれ比湿分布に対する粗度長と温位分布に対する粗度長であり，$\Theta$ は温位である。

## 付2.3 傾 度 法

ここまでの導出をまとめると，対数分布を考慮して以下のような関係が得られる。

---

† 壁付近における流速分布は，乱流の場合に対数分布，層流の場合に放物線分布となる。

$$u_* = \kappa \frac{du}{d(\ln z)} = \frac{k(u_2 - u_1)}{\ln\left(\frac{z_2 - z_1}{z_1 - d}\right)} \tag{付 2.23}$$

$$\frac{H}{c_P \rho} = \overline{w'T'} = -K_H \frac{d\Theta}{dz} = -\kappa^2 \frac{K_H}{K_M} \frac{du}{d(\ln z)} \frac{d\Theta}{d(\ln z)}$$

$$= -u_*^2 \frac{K_H}{K_M} \frac{(\Theta_2 - \Theta_1)}{u_2 - u_1} \fallingdotseq \frac{\kappa^2}{\left\{\ln\left(\frac{z_2 - d}{z_1 - d}\right)\right\}^2} (u_2 - u_1)(\Theta_1 - \Theta_2) \tag{付 2.24}$$

$$\frac{E}{\rho} = \overline{w'q'} = -K_E \frac{dq}{dz} = -\kappa^2 \frac{K_E}{K_M} \frac{du}{d(\ln z)} \frac{dq}{d(\ln z)}$$

$$\fallingdotseq \frac{\kappa^2}{\left\{\ln\left(\frac{z_2 - d}{z_1 - d}\right)\right\}^2} (u_2 - u_1)(q_1 - q_2) \tag{付 2.25}$$

式 (2.12) のように定義される拡散係数を，運動量，顕熱，潜熱についてそれぞれ $K_M$，$K_H$，$K_E$ とした．大気の鉛直密度分布があまり変化しない状態（中立状態）であれば，それぞれの拡散係数は同じ値をとる．異なる二つの高度において風速，温位，比湿を観測すれば，上の式によって顕熱輸送量，潜熱輸送量を求めることができる．この方法を**傾度法**（gradient method）または，**空気力学的な方法**（aerodynamic method）という．渦相関法のように感度のよい測器を特に必要としないが，事前に複数の観測データによって風速の対数分布を確認する必要がある．

## 付2.4　モニン・オブコフの相似則

式（付 2.23）〜（付 2.25）を，拡散係数を用いて表記すると

$$u_*^2 = K_M \frac{du}{dz} \tag{付 2.26}$$

$$u_* T_* = K_H \frac{d\Theta}{dz} \tag{付 2.27}$$

$$u_* q_* = K_E \frac{dq}{dz} \tag{付 2.28}$$

となる．

ここまでは，風によって乱流拡散が生じると考えてきた．しかし，地表面が熱せられた場合には，風が特になくても浮力の作用によって乱流が形成される．**付図2.4**のように，浮力で上昇する空気塊の密度と温位をそれぞれ $\rho_1$，$\Theta_1$，周辺大気の密度と温位をそれぞれ $\rho$，$\Theta$，気温の変動を $T'$ とすると，単位質量に働く浮力は

$$\frac{\rho - \rho_1}{\rho_1} g \fallingdotseq \frac{\Theta_1 - \Theta}{T} g = \frac{T'}{T} g \tag{付 2.29}$$

Θ, ρ

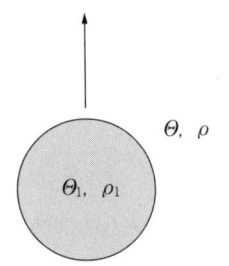

Θ₁, ρ₁

**付図2.4** 浮力を受ける空気塊

であり，混合距離 $l$ だけ移動する際に浮力のする仕事は

$$\frac{\overline{lT'}}{T}g \tag{付2.30}$$

となる．この仕事を含んだ応力は

$$\rho l^2 \left(\frac{du}{dz}\right)^2 + \rho \gamma g \frac{\overline{lT'}}{T}g \tag{付2.31}$$

$$T' = -l\frac{d\Theta}{dz}$$

となる．$\gamma$ は比例係数である．式 (付2.31) の第1項が乱流による効果，第2項が浮力による効果を表している．式 (付2.26) の拡散係数を用いると

$$K_M^2 = l^4\left(\frac{du}{dz}\right)^2 - \alpha l^3 \frac{g}{T}\frac{d\Theta}{dz} \tag{付2.32}$$

を得る．ここで $\alpha$ は $\gamma$ と異なる係数である．この式に $l=kz$ と摩擦速度の定義式を代入すれば

$$\phi_M^4 - \alpha\zeta\phi_M^3 = 1 \tag{付2.33}$$

を得る．この式を**オキープス** (O'Keyps) の式という．ただし

$$\phi_M = \frac{\kappa z}{u_*}\frac{du}{dz} \qquad (z \gg z_0) \tag{付2.34}$$

$$\zeta = \frac{z}{L} \tag{付2.35}$$

$$L = -\frac{u_*^3}{\kappa \frac{g}{T}\frac{H}{c_P\rho}} = \frac{u_*^2}{\kappa \frac{g}{T}T_*} \tag{付2.36}$$

である．$\phi_M$ は風速勾配を**無次元化した普遍関数** (non-dimensional share function)，$\zeta$ は無次元高度，$T_*$ は摩擦速度である．$L$ を**モニン・オブコフ** (Monin-Obukhov) の安定度スケールという．

　上と同様に，温位と比湿の分布についても普遍関数 $\phi_H$ と $\phi_E$ が以下のように定義される．

## 付2.4 モニン・オブコフの相似則

$$\phi_H = \frac{\kappa z}{T_*} \frac{d\Theta}{dz} \quad (z \gg z_0) \tag{付2.37}$$

$$\phi_E = \frac{\kappa z}{q_*} \frac{dq}{dz} \quad (z \gg z_0) \tag{付2.38}$$

すると拡散係数はそれぞれ

$$K_M = \frac{ku_* z}{\phi_M} \quad (z \gg \delta) \tag{付2.39}$$

$$K_H = \frac{ku_* z}{\phi_H} \quad (z \gg \delta) \tag{付2.40}$$

$$K_E = \frac{ku_* z}{\phi_E} \quad (z \gg \delta) \tag{付2.41}$$

となる。ここで$\delta$は，分子拡散が支配的な地表面にごく近い厚さのスケールである。以上をまとめると

$$u_*^2 = K_M \frac{du}{dz} = \frac{ku_* z}{\phi_M} \frac{du}{dz} \tag{付2.42}$$

$$\frac{H}{c_P \rho} = -K_H \frac{d\Theta}{dz} = -\frac{ku_* z}{\phi_H} \frac{d\Theta}{dz} \tag{付2.43}$$

$$\frac{E}{\rho} = -K_E \frac{dq}{dz} = -\frac{ku_* z}{\phi_E} \frac{dq}{dz} \tag{付2.44}$$

となる。ここまで見てきたような性質をモニン・オブコフの相似則という。

表面から1～2kmくらいまでを**大気境界層**（planetary boundary layer）と呼ぶ。またはエクマン層と呼び，この領域は地表面の摩擦の影響を受けている。さらに地表面に近い約100m付近までを**接地境界層**（surface boundary layer）と呼ぶ。接地境界層は，乱流の効果が大きいため，地表面が水平一様であれば，顕熱や潜熱の輸送量は鉛直にほとんど一定である。また，上で見てきたように，風速や気温の時間平均は高度に関して対数分布に従う。

# 付録3 気温減率

## 付3.1 高度-気温の関係

標高の高い地点では地上よりも温度が低くなる。これは経験的にもよく知られた事実である。100 m 上昇すると約 0.6℃ 下がるといわれる。しかし，なぜ高度が上昇すると気温が減少するのだろうか。3.2.3項で見たように大気の気温減率が異なる理由はなんであろうか。3.2.3項では水蒸気量が異なると気温減率が異なると記述されている。このことについて説明する。

## 付3.2 熱力学の第一法則

熱力学の第一法則は，「単位質量の空気塊に与えられた熱量 $dQ$ は空気塊の内部エネルギーの増加分 $dU$ とその空気塊がした仕事 $p\,d\alpha$ の和に等しい」と表現される。

$$dQ = dU + p\,d\alpha \tag{付3.1}$$

理想気体の場合，定積比熱 $c_v$ と定圧比熱 $c_p$ によって

$$dU = c_v\,dT = (c_p - R)\,dT \tag{付3.2}$$

となる。一方，ボイル・シャルルの法則は

$$p\alpha = RT \tag{付3.3}$$

または

$$p = \rho RT = \rho\left(\frac{R^*}{m}\right)T \tag{付3.4}$$

と表記される。ここで，$p$ は圧力，$\rho$ は気体密度，$\alpha$ は単位質量当りの体積，$T$ は温度，$R^*$ は**普遍気体定数**（universal gas constant），$R$ は比気体定数で気体特有の定数，$m$ は 1 mol の気体質量である（**付表 3.1**）。

**付表 3.1** 空気と水蒸気の定数

| | |
|---|---|
| $m_d = 0.028\,964$ kg/mol | 乾燥空気の分子量 |
| $m_w = 0.018\,015$ kg/mol | 水蒸気の分子量 |
| $\varepsilon = m_w/m_d = 0.622$ | 分子量の比 |
| $R^* = 8.314$ J/(mol·K) | 普遍気体定数 |
| $R_d = R^*/m_d = 287.0$ J/(kg·K) | 乾燥空気の気体定数 |
| $R_w = R^*/m_w = 461.5$ J/(kg·K) | 水蒸気の気体定数 |
| $c_{pd} = 1\,005$ J/(kg·K) | 乾燥空気の定圧比熱 |
| $c_{pw} = 1\,854$ J/(kg·K) | 水蒸気の定圧比熱 |

式(付3.3)の微小変化は
$$p\, d\alpha + \alpha\, dp = R\, dT \tag{付3.5}$$
と表現され，式(付3.1)，(付3.2)を代入すると
$$dQ = c_p\, dT - \alpha\, dp \tag{付3.6}$$
を得る。

## 付3.3 乾燥断熱過程

空気塊がすばやく移動するような，外部との熱のやりとりをしない変化を**断熱変化**(adiabatic change)という。大気の場合は，日射の吸収や赤外放射を受けるなどの熱の授受があり，厳密には断熱変化をしていないが，短い時間に空気塊が上昇し，膨張するような場合は近似的に断熱変化とみなせる。このような変化過程を**乾燥断熱過程**(dry adiabatic process)という。この場合には，式(付3.6)の $dQ$ は0となり，式(付3.3)を式(付3.6)に代入すると

$$\frac{dT}{T} = \frac{R}{c_p}\frac{dp}{p} \tag{付3.7}$$

が導かれる。静圧力の式 ($p = -\rho g z$) の高度差 $dz$ に対する気圧差 $dp$ の関係式 ($dp = -\rho g\, dz$) と式(付3.4)を上式に代入して，乾燥空気の気温と高度の変化式を導くと

$$\Gamma_d = -\frac{dT}{dz} = \frac{g}{c_{pd}} = 9.8\,\text{℃/km} \tag{付3.8}$$

となる。この温度勾配 $\Gamma_d$ を**乾燥断熱減率**(dry adiabatic lapse rate)という。ここで，$c_{pd}$ は乾燥空気の定圧比熱である。

未飽和である湿潤空気の断熱過程は乾燥空気として近似的に取り扱える。未飽和の空気が上昇すると，やがて飽和になるが，この高度のことを凝結高度という。

## 付3.4 飽和湿潤断熱過程

飽和湿潤空気塊が乾燥空気と混合比 $r_{SAT}$ の水蒸気および凝結した水滴が含まれている場合，空気塊に外部から熱 $dQ$ を加えた場合，式(付3.6)は

$$dQ = c_p\, dT - \frac{dp_d}{\rho_d} + l\, dr_{SAT} \tag{付3.9}$$

と記述される。ここで，右辺第3項は水滴の一部を蒸発させる熱エネルギーであり，潜熱の熱交換を表している。下付きの $d$ は乾燥空気を，$SAT$ は飽和湿潤を表している。断熱変化($dQ=0$)と静圧力を考えると

$$c_p\, dT = -g\, dz - l\, dr_{SAT} \tag{付3.10}$$

となる。ここで，式(2.7)，(2.8)を式(2.10)の混合比の関係に飽和の条件で代入

すると

$$r_{SAT} = \frac{e_{SAT}}{p - e_{SAT}} \frac{m_W}{m_d} = \frac{e_{SAT}}{p} \frac{m_W}{m_d} \quad (e_{SAT} \ll p) \tag{付 3.11}$$

の関係式を得る。式(付3.10)は

$$c_p dT = -g dz - l d\left(\frac{e_{SAT}}{p} \frac{m_W}{m_d}\right) \tag{付 3.12}$$

$$c_p dT = -g dz + l \frac{m_W}{m_d} e_{SAT} \frac{dp}{p^2} - l \frac{m_W}{m_d} \frac{de_{SAT}}{p} \tag{付 3.13}$$

となる。式(付3.11)を右辺第2項と第3項に代入すると

$$c_p dT = -g dz + l r_{SAT} \frac{dp}{p} - l \frac{r_{SAT}}{e_{SAT}} de_{SAT} \tag{付 3.14}$$

となり、静圧力の関係と式(付3.4)を右辺第2項に代入すると

$$c_p dT = -g dz - l \frac{g r_{SAT}}{R_d T} dz - l \frac{r_{SAT}}{e_{SAT}} de_{SAT} \tag{付 3.15}$$

を得る。ここでは$p \fallingdotseq p_d$の近似を用いた。温度勾配を求めると

$$-\frac{dT}{dz} = \frac{g}{c_{pd}} + \frac{l}{c_{pd}} \frac{g r_{SAT}}{R_d T} + \frac{l}{c_{pd}} \frac{r_{SAT}}{e_{SAT}} \frac{de_{SAT}}{dT} \frac{dT}{dz} \tag{付 3.16}$$

$$-\frac{dT}{dz}\left(1 + \frac{l}{c_{pd}} \frac{r_{SAT}}{e_{SAT}} \frac{de_{SAT}}{dT}\right) = \frac{g}{c_{pd}}\left(1 + \frac{l r_{SAT}}{R_d T}\right) \tag{付 3.17}$$

$$-\frac{dT}{dz} = \frac{g}{c_{pd}} \frac{1 + \dfrac{l r_{SAT}}{R_d T}}{1 + \dfrac{l}{c_{pd}} \dfrac{r_{SAT}}{e_{SAT}} \dfrac{de_{SAT}}{dT}} \tag{付 3.18}$$

$$\Gamma_m = -\frac{dT}{dz} = \Gamma_d \frac{1 + A}{1 + B} \tag{付 3.19}$$

$$A = \frac{l r_{SAT}}{R_d T}, \qquad B = \frac{l}{c_{pd}} \frac{r_{SAT}}{e_{SAT}} \frac{de_{SAT}}{dT} \tag{付 3.20}$$

が得られる。$\Gamma_m$を**飽和湿潤断熱減率**(moist adiabatic lapse rate)という。また、この変化過程を**飽和湿潤断熱過程**(moist adiabatic process)という。$\Gamma_m$は温度の関数である。飽和湿潤断熱減率はふつう約5℃/kmであるが、夏期の高温時には約3℃/km、冬季の低温時には乾燥断熱減率に近い値をとる。

## 付3.5 温位

式(付3.7)をある状態$(p, T)$から$(p_0, T_0)$まで積分すると

$$T_0 = T\left(\frac{p_0}{p}\right)^{\frac{R}{c_p}} \tag{付 3.21}$$

を得る。この式は，ある空気塊が圧力変化に伴って温度変化するさまを表している。$1\,000\,\mathrm{hPa}$のときの温度を$\theta$とすると

$$\theta = T\left(\frac{p_0}{p}\right)^{\frac{R}{c_p}} \quad (p_0 = 1\,000\,\mathrm{hPa}) \tag{付 3.22}$$

のように，式 (3.2) で得た**温位**（potential temperature）を得ることができる。

## 付 3.6　大気の鉛直安定度

3.2.3 項で述べた大気の安定度を気温減率によって考える。乾燥大気について，**付図 3.1**（a）のように大気の塊が乾燥断熱減率に応じて上昇すると，周辺の気温減率の関係から安定，中立，不安定を知ることができる。周辺の空気の気温減率が付図 3.1 に記載されている。周辺大気が$\Gamma_d$の勾配を持つ場合，この大気は中立である。一方，周辺大気が$\Gamma_d$より大きい場合には，上昇する空気塊は周辺より温度が高く軽いので，ますます上昇し，大気の状態は不安定である。不飽和のままで断熱的に上昇する空気塊の温位は変化しない。よって，周辺大気の温位変化を見れば温位減率の正負によって大気の安定性を知ることができる。

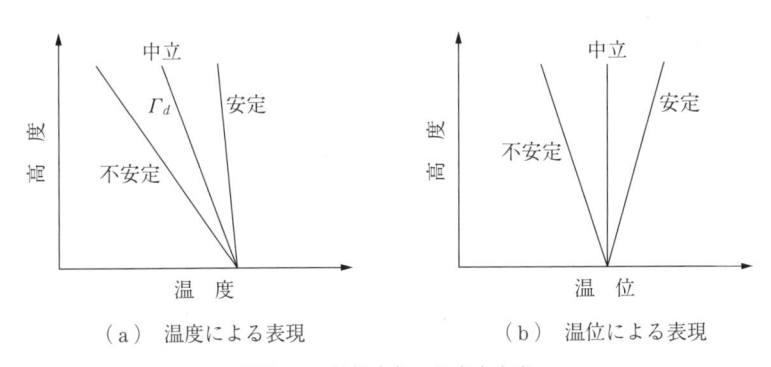

（a）温度による表現　　　（b）温位による表現

**付図 3.1**　乾燥大気の鉛直安定度

空気塊が水蒸気で飽和している場合は，空気塊が上昇し，$\Gamma_m$で気温が減少する。**付図 3.2**に周辺大気の気温減率を記す。周辺大気の気温減率$\Gamma$が$\Gamma_m$より大きい場合には，ますます大気は上昇するので，不安定である。周辺大気の$\Gamma$が$\Gamma_d$より小さいが$\Gamma_m$より大きい場合には，空気が飽和していれば不安定であるが，不飽和なら安定である。このような大気は**条件付き不安定**（conditionally unstable）な**成層**（stratification）であるという。また，付図 3.2 のような飽和湿潤減率より小さい場合を**絶対安定**（absolute stable），乾燥減率より大きい場合を**絶対不安定**（absolute unstable）という。

付録3 気温減率

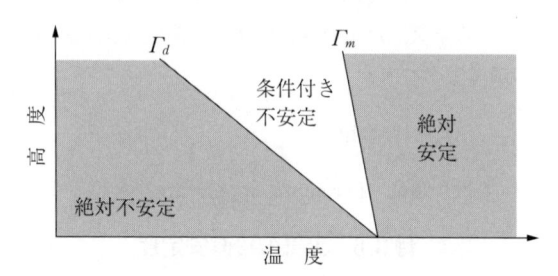

**付図 3.2** 湿潤大気の鉛直安定度

# 付録4 水理学の基礎

## 付4.1 基　礎　式

　水文学の流出や地中水解析では，**水理学**（hydraulics）の知識が要求される。ここでは簡単に水理学の基礎について説明する。4章や5章，6章では特に連続式やベルヌイの式が利用されていたが，その理論背景について説明する。水理学は，流体力学の一部で，水の運動を解析する学問分野であり，静水力学や管路流，開水路流等で構成される。

### 付4.1.1 質量保存則

　**付図4.1**のように水が筒状の管路（パイプ）の中を流れている場合を考える。もし，水が圧縮しなければ左から入った体積と同じ体積が右から出て行くはずである。単位時間に流入または流出する体積を流量という。そうすると流量 $Q$ は

$$Q = v_1 A_1 = v_2 A_2 \tag{付4.1}$$

の関係式を得ることができる。ここで，$v$ は流速，$A$ は通過断面積である。これを微分表記すると

$$\frac{\partial Q}{\partial x} = 0 \tag{付4.2}$$

となる。ここで，$x$ は流れ方向を表す。圧縮性を考えると，密度 $\rho$ が変化するので

$$\frac{\partial (\rho A)}{\partial t} + \frac{\partial (\rho Q)}{\partial x} = 0 \tag{付4.3}$$

となる。ここで，添え字がない $A$ はある瞬間の流れの断面積である。微小な直方体（$dxdydz$）に時間 $dt$ の間に出入りする流体を同様に考えると，$x$，$y$，$z$ 方向の流速をそれぞれ $u$，$v$，$w$ として，以下の式を得る。

$$\frac{\partial \rho}{\partial t} + \frac{\partial (\rho u)}{\partial x} + \frac{\partial (\rho v)}{\partial y} + \frac{\partial (\rho w)}{\partial z} = 0 \tag{付4.4}$$

この式を**オイラーの連続方程式**（Euler's equation of continuity）といい，質量保存を表現している。水の場合，圧縮性が小さいので一般には非圧縮と考えてよく

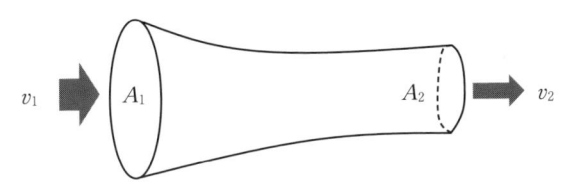

付図4.1　管路の中の流れ

$$\frac{\partial u}{\partial x}+\frac{\partial v}{\partial y}+\frac{\partial w}{\partial z}=0 \tag{付4.5}$$

と表記される。

開水路の場合は，**付図4.2**にように表記でき，距離 $\Delta x$ 間の流入量と流出量の差は単位時間の断面積に等しいので

$$\frac{\Delta A}{\Delta t}=\frac{v_1 A_1 - v_2 A_2}{\Delta x} \tag{付4.6}$$

と表記できる。これを微分表記すると

$$\frac{\partial A}{\partial t}+\frac{\partial Q}{\partial x}=0 \tag{付4.7}$$

となる。これは川のような自由水面[†]を持つ開水路の連続の式である。この式は財布の収支に似ている。上流からの入金と下流へお金を支払う際の，時間内の財布の中のお金の増減するさまに似ている。

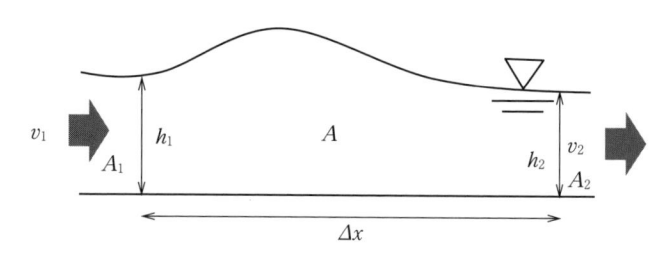

付図4.2 開水路の中の流れ

### 付4.1.2 運動量保存則

運動量保存則については付2.2において簡単に述べている。ここでは同様の考え方を管路において考える（**付図4.3**）。左断面から右断面に達するまでの単位時間当りの運動量の変化は

$$\rho_2 A_2 v_2^2 - \rho_1 A_1 v_1^2 = 0 \tag{付4.8}$$

となる。単位時間の変化量で表記していることに注意する。この運動量の変化は単

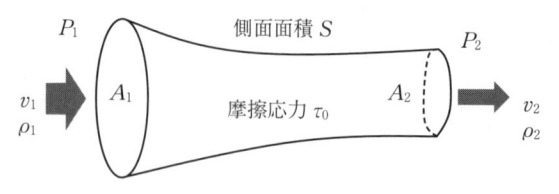

付図4.3 管路の中の力の釣り合い

---

[†] 空気に触れている水面のこと。ここでは水圧（ゲージ圧力）は0である。

位時間の力積であるので，圧力 $P$ に断面積 $A$ をかけた力と摩擦応力に側面面積をかけた摩擦力によって求められる．よって，運動量と力の釣り合いは

$$\rho_2 A_2 v_2^2 - \rho_1 A_1 v_1^2 = p_1 A_1 - p_2 A_2 - \tau_0 S \tag{付4.9}$$

となり，これが管路に関する運動量保存則である．

開水路の場合は，付図4.2のような流れを単位幅水路で考えると，水深 $h$ から

$$\rho_2 v_2^2 h_2 - \rho_1 v_1^2 h_1 = \frac{1}{2} \rho g h_1^2 - \frac{1}{2} \rho g h_2^2 - D' \tag{付4.10}$$

となる[†1]．$D'$ は $\Delta x$ 間に水に及ぼす単位幅摩擦力である．

### 付4.1.3 エネルギー保存則

エネルギー保存則は運動エネルギー，位置エネルギー，仕事の釣り合いによって構成される．これは

$$\frac{1}{2} m v^2 + mgh + F\Delta x \tag{付4.11}$$

と表記される．流れの中で質量 $m$ は，流速 $v$ と通過断面積 $A$，微小時間 $\Delta t$ によって $m = \rho A v \Delta t$ と表記できるので，上式に代入すると

$$\frac{1}{2} (\rho A v \Delta t) v^2 + (\rho A v \Delta t) g h + F v \Delta t \tag{付4.12}$$

となり，水圧力 $P$ を用いて，$\rho A v \Delta t\, g$ で除すると

$$\frac{v^2}{2g} + h + \frac{P}{\rho g} \tag{付4.13}$$

を導くことができる．水が移動する間に損失がなく，定常[†2]だとすると

$$\frac{\partial}{\partial x}\left(\frac{v^2}{2g} + h + \frac{P}{\rho g}\right) = 0 \tag{付4.14}$$

と表記される．このエネルギー保存則を**ベルヌイの式**（Bernoulli equation）という．各項が長さの単位で表記されており，各項左から速度水頭，位置水頭，圧力水頭と呼ばれている．川や水路では壁面や河床との摩擦などによってエネルギーを損失し，これを $h_l$ で表記すると

$$\frac{\partial}{\partial x}\left(\frac{v^2}{2g} + h + \frac{P}{\rho g}\right) + \frac{\partial h_l}{\partial x} = 0 \tag{付4.15}$$

となり，これが定常流のエネルギー式である．

時間的に流量が変化する非定常の場合，ベルヌイの式は

---

[†1] 単位幅水路に働く水の単位幅の力は $(1/2)\rho g h \times h$ である．付3.3で見た静圧力と同じであり，水の場合，特にこの圧力を静水圧と呼ぶ．

[†2] 時間的に流量が変化しない状態．

$$\frac{1}{g}\frac{\partial v}{\partial t} + \frac{\partial}{\partial x}\left(\frac{v^2}{2g} + h + \frac{P}{\rho g}\right) = 0 \qquad (付4.16)$$

と表記される．開水路の場合には，水面からの水深 $z$ の静水圧 $P = \rho g z$ と $z$ の水路床からの高さ $(h-z)$ を代入すれば

$$\frac{1}{g}\frac{\partial v}{\partial t} + \frac{\partial}{\partial x}\left(\frac{v^2}{2g} + h\right) = 0 \qquad (付4.17)$$

を得る．

### 付4.2　H-Q 曲線

4.2 節において，流量 $Q$ が水位 $H$ の指数関数で表現できることを述べている（$H$-$Q$ 曲線）．これはベルヌイの式によって理解できる．式（付4.14）を**付図4.4**のタンクからの放流について考える．大気圧を0とすると，水面のエネルギーは $h$，放流口でのエネルギーは $v^2/2g$ となる．すると流速は

$$v = \sqrt{2gh} \qquad (付4.18)$$

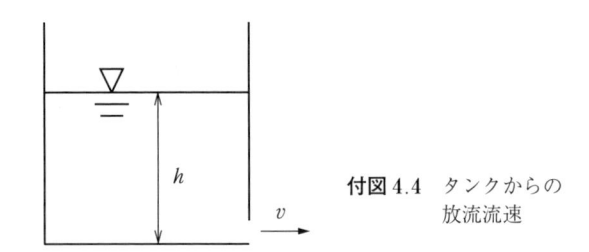

となる．

**付図4.4**　タンクからの放流流速

この関係を用いると，水路の断面が演習問題〔4.1〕のような三角形の断面を持つ水路の流量の場合，流量が

$$Q = \frac{8\sqrt{2g}}{15} H^{\frac{5}{2}} \tan\alpha \qquad (付4.19)$$

となる．同様に幅 $B$ を持つ長方形断面であれば

$$Q = \frac{2\sqrt{2g}}{3} B H^{\frac{3}{2}} \qquad (付4.20)$$

が得られる．つまり，水路の断面の形によって指数は異なるが，式（4.6）のような関係が理論的に成り立つ．

### 付4.3　洪水波

非定常の開水路のベルヌイの式（式（付4.17））を流量 $Q$ によって表す．流れの断

面積 $A$ と水深 $h$, 河床高さ $z_b$ を用いて，式 (付 4.15) のようにエネルギー損失を考慮すれば

$$\frac{1}{gA}\frac{\partial Q}{\partial t}+\frac{\partial}{\partial x}\left(\frac{Q^2}{2gA^2}\right)+\frac{\partial H}{\partial x}+\frac{\partial h_l}{\partial x}=0 \quad (H=z_b+h) \qquad (付 4.21)$$

を得る[†]。さらに

$$\frac{1}{gA}\frac{\partial Q}{\partial t}+\frac{Q}{gA^2}\frac{\partial Q}{\partial x}-\frac{Q^2}{gA^3}\frac{\partial A}{\partial x}+\frac{\partial H}{\partial x}+\frac{\partial h_l}{\partial x}=0 \qquad (付 4.22)$$

を得ることができる。ここで流れの幅 $B$ を代入すると

$$\frac{1}{gA}\frac{\partial Q}{\partial t}+\frac{Q}{gA^2}\frac{\partial Q}{\partial x}-\frac{Q^2}{gA^3}B\frac{\partial h}{\partial x}-\frac{Q^2}{gA^3}h\frac{\partial B}{\partial x}+\frac{\partial z_b}{\partial x}+\frac{\partial h}{\partial x}+\frac{T_r}{\rho gA}=0 \quad (付 4.23)$$

が得られる。ここで，$T_r$ は単位長さの河道の河床に作用する力である。この式の第4項は川幅変化を，第5項は河床勾配であり，ともに河道形状の縦断的非一様性に起因するものである。第6項は水面勾配を表している。

式 (付 4.22) のすべての項を考慮した数値モデルをダイナミックウェイブモデルという。また，式 (付 4.23) のうち，第1項，第2項，第3項と第5項を除いたモデルを**拡散モデル** (diffusion analog model) という。拡散モデルの式はつぎのようになる。

$$-\frac{Q^2}{gA^3}h\frac{\partial B}{\partial x}+\frac{\partial z_b}{\partial x}+\frac{T_r}{\rho gA}=0 \qquad (付 4.24)$$

ダイナミックウェイブモデルは，氾濫解析でも用いられる。その場合，2次元の形を簡易に表現した越流ポンドモデルや氾濫ポンドモデル，開水路ポンドモデルなどが提案されている。

---

[†] 厳密には式 (付 4.21) の第2項には $2\beta$，第3項には $\beta$ が掛かる。$\beta$ は運動量補正係数と呼ばれ，約 1.1 である。これは，断面平均流速の2乗（運動量）と断面流速分布の2乗の差によって生じる運動量の誤差を修正するものである。

## 付録5　毛管現象と浸透能

### 付5.1　毛　管　現　象

5.1.1項において，毛管現象について簡単に説明した。このメカニズムについて説明する。

水分子の相互には，大きな分子間力が働いているので，隣り合う水分子を引き離そうとすると抵抗力が生じる。これを**凝集力**（cohesion）という。また，水が固体の表面に接している場合にも，両者に分子間引力が作用するので，それを引き離そうとすると抵抗力が生じる。これを**付着力**（adhesion）という。葉の表面にできる水滴は，凝集力によって重力に抵抗してその形を保ち，付着力によって位置を保っている。空気に接する水の自由表面には，**表面張力**（surface tension）が働き，水面はできるだけ縮まろうとする。表面張力は凝集力に起因する。

数mm以下の毛細管現象が見られる細い管を**毛管**（capillary）また**毛細管**（capillary tube）という。**付図5.1**にように毛管を水の中に立てると，水は管内を上昇して，外の水面より高くなる。また場合によっては低くなることもある。この現象を毛管現象または毛細管現象という。表面張力[†1]と，水と管壁の間で働く付着力によって，このときメニスカス[†2]が生じる。液体の表面が固体に接触する角度を接触角といい，物質によってほぼ一定している。水とガラスの接触角は$0 \sim 9°$であり，水銀とガラスとの接触角は$140°$である。

このときの力の釣り合いを考える。毛管の中の水は重力を受けて下向きに

$$\rho \pi r^2 h g \tag{付5.1}$$

の力が働く。ここで，$h$は毛管上昇高，$g$は重力加速度，$\gamma$は表面張力，$\rho$は水の密度，$r$は管の半径である。一方，管壁との間には，縁周りに表面張力$\gamma$の上向き成分

$$2\pi r \gamma \cos\theta \tag{付5.2}$$

が働く。この両式の釣り合いを解くと

$$h = \frac{2\gamma \cos\theta}{\rho g r} \tag{付5.3}$$

を得る。現実の土壌間隔は毛管を無数に並べたものとは異なるが，理想土壌の直径を$d$〔cm〕，理想土壌の毛管上昇高を$h$〔cm〕とすると，$0.33 \leq dh \leq 1.5$の範囲になることが知られており，実際の土壌においても毛管上昇は10mに達しないと考えられている。

---

†1　単位長さ当りの力である。
†2　三日月の意味を持ち，水表面が屈曲する現象を指す。

## 付5.2 インクビン効果

一方，**毛管定数**（capillary constant）$K_c$ を用いた以下の式もよく用いられる．

$$2hr = K_c \frac{\gamma}{g\rho_0} \tag{付5.4}$$

ここで $\rho_0$ は液体の密度である．水の場合，式（付5.3）と（付5.4）から

$$K_c = 4\cos\theta \tag{付5.5}$$

を得る．毛管の場合，$K_c$ は近似的に 4.0 が与えられる．

毛管内の水表面では，圧力の不連続が存在し，空気と水の圧力差を**毛管圧**（capillary pressure）または**吸引圧**（suction）という．毛管圧は大気圧に対して負の値をとり，これを負圧と呼ぶこともある（**付図5.2**）．この負圧を $cmH_2O$ で表し，その絶対値の常用対数をとったものを pF 値という（5.3節参照）．

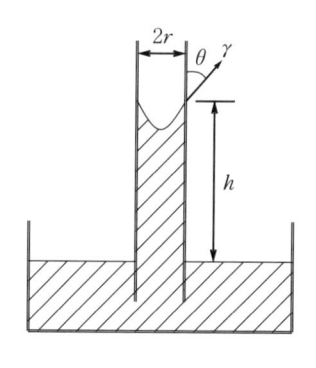

**付図5.1** 毛管内の水の上昇 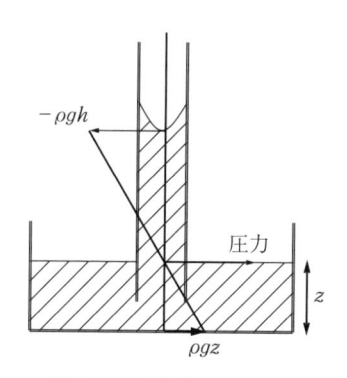　　**付図5.2** 毛管内の圧力分布

## 付5.2 インクビン効果

間隙が多様である土壌内の水が排水されるとき，土壌水の吸引圧がある値 $\varphi_1$ になるまで，間隙の中に空気は侵入できず排水も生じない．吸引圧が $\varphi_1$ を超えると，**付図5.3**のように急激に排水が生じ，含水率は $\theta_m$ から $\theta_e$ に変化する．このような排水過程では，水分移動は水分特性曲線上でA→B→Cの経路をとる．吸水過程では，点Cから間隙径の最大を示す点Dまで含水率が吸引圧の減少とともに増加する．乾いた土壌が水を吸い上げる現象に相当する．しかし，点Dを超えると急激に残りの不飽和間隙が満たされて含水率は点Aに戻る．このような吸水過程では，水分特性曲線上でC→D→Aの経路をとる．つまり，吸水過程と排水過程とは経路が異なる．このヒステリシスが万年筆をインク瓶に浸したときに似ているので，インクビン効果という．

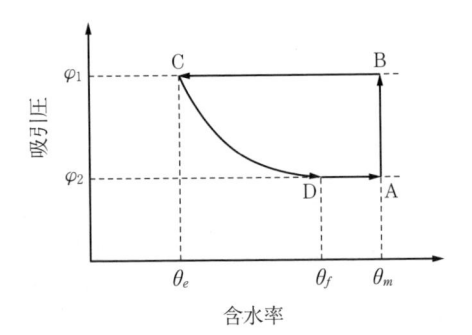

付図5.3　水分特性曲線

## 付5.3　グリーン・アンプトの浸透能式

5.4節において浸透能のモデルを説明した。吸引圧が理解できれば、ダルシー式から浸透能をモデル化することができる。グリーンとアンプトは、付図5.4のような雨水の浸透を考えた。地表面にはつねに$h_0$の水深があり、地表面直下では飽和の層が形成される。飽和の層は下方に拡大しつつある。飽和領域と不飽和領域の境を濡れ前線という。濡れ前線より上の飽和層では、含水率は$\theta_i + \Delta\theta$であり、それより下の初期含水率は$\theta_i$である。

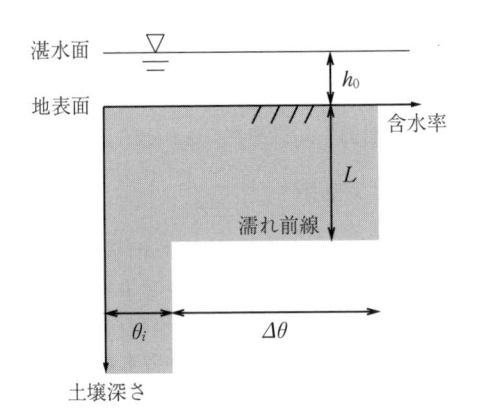

付図5.4　グリーン・アンプトモデル

浸透開始時間から時間$t$を経過したとき、濡れ前線が土壌深さ$L$まで到達したときの全浸透量$F(t)$は

$$F(t) = L\Delta\theta \tag{付5.6}$$

と時間の関数で与えられる。浸透能を時間$t$の関数$f(t)$とすると

$$f(t) = -K_s \frac{(-\varphi - L) - h_0}{L} \tag{付5.7}$$

## 付5.3 グリーン・アンプトの浸透能式

が得られる。ここで，$K_s$ は飽和透水係数，$\varphi$ は吸引圧である。$h_0$ が $\varphi+L$ よりも十分小さいとすると

$$f(t) = K_s \frac{\varphi + L}{L} \tag{付5.8}$$

となる。式（付5.6）を上式の $L$ に代入して

$$f(t) = K_s \left(1 + \frac{\varphi \Delta \theta}{F(t)}\right) \tag{付5.9}$$

を得る。これを**グリーン・アンプト**（Green-Ampt）式という。

5.4節の浸透式と同様，浸透能を時間の関数として導く。全浸透量と浸透能には以下の関係がある。

$$f(t) = \frac{dF(t)}{dt} \tag{付5.10}$$

この関係によってグリーン・アンプト式は

$$\frac{dF(t)}{dt} = K_s \left(1 + \frac{\varphi \Delta \theta}{F(t)}\right) \tag{付5.11}$$

$$\left(1 - \frac{\varphi \Delta \theta}{F(t) + \varphi \Delta \theta}\right) dF(t) = K_s \, dt \tag{付5.12}$$

と導かれる。両辺を積分して

$$\int_0^{F(t)} \left(1 - \frac{\varphi \Delta \theta}{\xi + \varphi \Delta \theta}\right) d\xi = \int_0^t K_s \, d\tau \tag{付5.13}$$

となり，さらに以下の式が得られる。

$$F(t) - \varphi \Delta \theta \ln\left(1 + \frac{F(t)}{\varphi \Delta \theta}\right) = K_s t \tag{付5.14}$$

この式は時刻 $t$ と全浸透量 $F(t)$ との関係を表す式である。

グリーン・アンプト式では，地表面の湛水を仮定しているが，実際の降雨において，降雨直後から地表面が湛水することはほとんどない。そこで，ある時刻までは全ての降雨が浸透し，その後，湛水し始める過程を考える。飽和透水係数を上回る降水強度を $i$，湛水が発生する時刻を $t_p$ とすると，時刻 $t_p$ までの浸透量は $F(t_p) = i t_p$ なので，グリーン・アンプト式は

$$i = K_s \left(1 + \frac{\varphi \Delta \theta}{i t_p}\right) \tag{付5.15}$$

となる。このとき湛水が発生する時刻 $t_p$ は

$$t_p = \frac{K_s \varphi \Delta \theta}{i(i - K_s)} \tag{付5.16}$$

となる。

# 付録6　確率密度関数の母数推定

## 付6.1　母数の推定

7章においては，確率密度関数の母数推定を説明していない。代表的なものとして積率法と最尤法について簡単に述べる。また，分布関数の特性を調べる指標について説明する。

### 付6.1.1　積　率　法

**積率**（moment）とは原点もしくは平均値周りのモーメントである[†]。$n$ 個の標本値 $x_1, x_2, \cdots, x_n$ に対する原点周りの積率 $m_r{'}$ は

$$m_r{'} = \frac{1}{n}\sum_{i=1}^{n} x_i^r \tag{付6.1}$$

である。また，平均値周りの積率 $m_r$ は

$$m_r = \frac{1}{n}\sum_{i=1}^{n}(x_i - \overline{x})^r \tag{付6.2}$$

となる。ここに，$\overline{x}$ は標本の平均である。

いま，推定される確率密度関数 $f(x)$ が母数（パラメータ）$\theta_1, \theta_2, \cdots, \theta_l$ を持つとき，$\theta$ を解くには $l$ 個の式が必要である。そのため，$l$ 次までの積率の式を用意すれば母数を解くことができる。連続変数 $x$ による確率密度関数 $f(x)$ の積率は

$$\nu_r = \int_{-\infty}^{\infty} x^r f(x)\,dx \tag{付6.3}$$

$$\mu_r = \int_{-\infty}^{\infty} (x-\mu)^r f(x)\,dx \tag{付6.4}$$

となる。ここで $\nu_r$ と $\mu_r$ は，それぞれ原点周りと平均値周りの積率である。また $\mu$ は平均値で，以下の式で与えられる。

$$\mu = \int_{-\infty}^{\infty} x f(x)\,dx \tag{付6.5}$$

式（付6.3）または式（付6.4）の左辺には，式（付6.1）または式（付6.2）の標本積率を代入する。母数 $l$ 個に対して $r = l$ 次までの積率式を用意すれば，$f(x)$ の母数 $\theta_1, \theta_2, \cdots, \theta_l$ を解くことができる。

積率法としてはほかに一般化極値分布の母数推定法によく利用される線形積率法（L積率法）や加重積率法（PWM法）などが提案されている。

---

[†] 1次の積率 $m_1{'}$ は平均を表し，2次の積率 $m_2{'}$ は分散を表す。

## 付6.1.2 最尤法

確率密度関数 $f(x; \theta_1, \theta_2, \cdots, \theta_l)$ である母集団から抽出した標本を $x_1, x_2, \cdots, x_n$ とするとき，$x_1$ を持つ関数 $f$ を $f_{x_1}$ とすると，$f_{x_1}$ は $\theta_1, \theta_2, \cdots, \theta_l$ の関数である（**付図6.1**）。また

$$L = f_{x_1} f_{x_2} \cdots f_{x_n} = \prod_{i=1}^{n} f(x_i; \theta_1, \theta_2, \cdots, \theta_l) \tag{付6.6}$$

で定義される $L$ は $\theta_1, \theta_2, \cdots, \theta_l$ の関数である。この関数のことを**尤度関数**（likelihood function）という[†]。多くの確率密度関数は指数関数を含むことが多いので，尤度関数は

$$L' = \log \prod_{i=1}^{n} f(x_i; \theta_1, \theta_2, \cdots, \theta_l) \tag{付6.7}$$

を用いることが多い。尤度関数は最も確率を得る母数（ここでは $\theta$）付近で最大値を持つ。

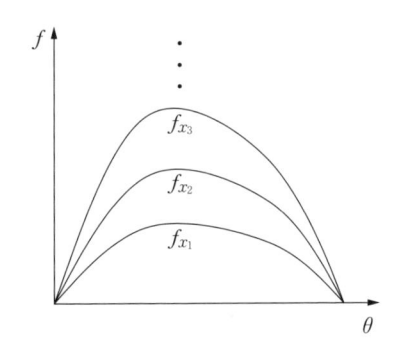

**付図6.1** 母数 $\theta$ を変数とした関数 $f$

尤度関数 $L$ を最大にするには，$\partial L / \partial \theta_j = 0 \ (j=1, 2, \cdots, l)$ とすればよく，通常の条件式は

$$\frac{\partial L'}{\partial \theta_j} = 0 \qquad (j=1, 2, \cdots, l) \tag{付6.8}$$

で与えられ，これを尤度方程式という。尤度方程式の解 $\theta_1, \theta_2, \cdots, \theta_l$ が最尤推定値である。

## 付6.1.3 母数推定の性質

積率法は，分布の非対称性が強い場合に有効性が悪くなる。また，分布形の尾の部分にあたる標本に誤差があれば，その誤差は積率値に大きな誤差を与えるので，

---

[†] 尤度とは尤(もっと)もらしい度合いのこと。最尤法は，最も尤もらしい関数を見つける方法の意である。

推定精度が落ちる。最尤法は必ずしも不偏性を満たさない場合もあるが，その有効性に関して積率法よりも優れている。

## 付6.2 分布の特性値

流量データを例に**母集団**（population）と**標本**（sample）の関係を考える。われわれが統計解析できるのは，せいぜい100年程度の標本流量データであり，数千年以上ある母集団流量データの一部である。そのため，標本によって推定された確率密度関数が，母集団の確率密度関数とは異なる場合が多い。100年間の流量データに母集団の50年に1回の再現期間以下のデータしか含まれておらず，標本から母集団の再現期間100年の流量を推定するには，大きな誤差が予想される。特に母集団が偏った分布形をしている場合には，誤差が大きくなる。この分布形の偏った性質を示す量として以下のようなものがある。

(1) バイアス比

標本から得られる統計量（例えば流量）$S$ の期待値 $\mathrm{E}[S]$（例えば平均値）によって，母数 $P$（例えば母集団の平均）が $\mathrm{E}[S]=kP$ で求められるとすれば，$P$ の偏りのない推定値 $\hat{P}$ は

$$\hat{P} = \frac{1}{k}S = bS \tag{付6.9}$$

となる。この $b$ のことを**バイアス比**（bias ratio）あるいは**バイアス補正係数**（bias correction coefficient）と呼ぶ。この係数によって標本統計量 $S$ の偏りを補正できる。

(2) ひずみ係数

**ひずみ係数**（skewness）は

$$C_s = \frac{m_3}{s^3} = \frac{m_3}{m_2^{3/2}} \tag{付6.10}$$

と定義される。対称な分布形では $C_s=0$ となる。ひずみ係数が正の場合は「正にひずんだ」分布または「右にひずんだ」分布といい，負の場合は「負にひずんだ」分布または「左にひずんだ」分布という。

(3) 尖り係数

**尖り係数**（kurtosis）は

$$C_k = \frac{m_4}{s^4} = \frac{m_4}{m_2^2} \tag{付6.11}$$

のように定義される。正規分布の尖り係数の値は $C_k=3$ である。正規分布に対する相対的な尖り具合を表すために，次式で表される**過剰係数**（excess coefficient）

$e$ を用いることもある．

$$e = C_k - 3 \qquad (付6.12)$$

$e>0$ であれば分布の形は正規分布よりも平均値付近で尖っており，$e<0$ であれば扁平な形状を示す．

## 付6.3 パーセンタイル

分布形が大きくひずんだ二つの統計量を比較する場合，平均値や標準偏差を比較するより，統計量の順位値を用いたほうが有効な場合がある．データを小さい順に並べた後，1番から数え，全体の $\alpha$ % に位置する値を $\alpha$ **パーセンタイル**（percentile）という．最小値から数えて50 % に位置する値は50パーセンタイルである．この値を特に中央値（メディアン，median）という．図4.4の場合，渇水流量は，365日中の小さいほうから11番目になるので，3パーセンタイルである．

# 引用・参考文献

## 1章

1) 高橋　裕：河川工学，東京大学出版会（1990）
2) 浅井冨雄，武田喬男，木村竜治：雲や降水を伴う大気，東京大学出版会（1981）
3) V. T. Chow, D. R. Maidment and L. W. Mays：Applied Hydrology, McGraw-Hill (1988)
4) 国立天文台編：理科年表，丸善（2002）
5) 木口雅司，沖　大幹：世界・日本における雨量極値記録，水文・水資源学会誌，Vol.23, No.3, pp.231-247 (2010)
6) アシット・K. ビスワス（高橋裕，早川正子訳）：水の文化史，文一総合出版（1979）

## 2章

1) 榧根　勇：水と気象，朝倉書店（1989）
2) 近藤純生：水環境の気象学，朝倉書店（1994）
3) 中澤弌仁：水資源の科学，朝倉書店（1991）

## 3章

1) 近藤純生：水環境の気象学，朝倉書店（1994）
2) 松山　洋：日本の山岳地域における積雪水当量の高度分布に関する研究について，水文・水資源学会誌，Vol.11, No.2, pp.164-174 (1998)
3) R. E. Horton：Discussion on distribution of intense rainfall, Transactions, ASCE, Vol.87, pp.578-585 (1924)
4) R. D. Fletcher：A relation between maximum observed point and areal rainfall values, Transactions, AGU, 31, pp.344-348 (1940)
5) 吉川秀夫：河川工学，朝倉書店（1980）
6) 川畑幸夫：水文気象学（上），p.138，地人書館（1961）
7) B. Sevruk：Correction of precipitation measurement：Swiss experience, WMO/IAHS/ETH workshop on correction of precipitation measurements, Zurich, Switzerland, pp.187-196 (1985)

## 4章

1) 国土交通省：水文水質データベース
   http://www1.river.go.jp（2011年8月現在）
2) アシット・K. ビスワス（高橋裕，早川正子訳）：水の文化史，文一総合出版（1979）
3) 本間 仁，安芸皎一：物部水理学，岩波書店，pp.585-586（1962）
4) V. T. Chow, D. R. Maidment and L. W. Mays：Applied Hydrology, McGraw-Hill（1988）
5) R. K. Linsley, M. A. Kohler and J. L. H. Paulhus：Hydrology for Engineers, 3rd edition, McGraw-Hill, New York（1982）
6) 木村俊晃：流出地域を想定して解析した総合貯留関数の提案，土木技術資料，2（11）（1960）
7) M. Sugawara：On the analysis of runoff structure about several Japanese rivers, Japanese journal of geophysics, Vol.2, No.4, pp.1-76（1961）
8) 菅原正巳：タンクモデルと共に，水文・水資源学会誌，Vol.6, No.3, pp.268-275（1993）
9) 土木学会：水理公式集，土木学会（1999）

## 5章

1) E. Lindquist：Proceedings of Premier Congres des Grands Barrages, Stockholm（1930）
2) R. E. Horton：Approach toward a physical interpretation of infiltration capacity, Soil Science Society of America, No.5, pp.339-417（1940）
3) J. R. Philip：The theory of infiltration, 1-The infiltration equation and its solution, Soil Science, No.83, pp.345-357（1957）

## 6章

1) V. T. Chow, D. R. Maidment and L. W. Mays：Applied Hydrology, McGraw-Hill（1988）
2) 榧根 勇：水の循環，共立出版（1973）
3) 堺 茂樹：降雪・積雪・融雪の観測を解析，水工学に関する夏期研修会講義集，第29回，Aコース（1993）
4) S. Kazama, H. Izumi, P. R. Sarukkalige, T. Nasu and M. Sawamoto：Estimating snow distribution over a large area and its application for water resources, Hydrological Processes, Vol.22, Issue 13, pp.2315-2324（2008）
5) 座間市：ウェッブページ
   http://www.city.zama.kanagawa.jp/www/contents/1190789604474/index.html

(2011年8月現在)
6) S. Kazama, T. Hagiwara, P. Ranjan and M. Sawamoto：Evaluation of groundwater resources in wide inundation areas of the Mekong River basin, Journal of Hydrology, Vol.3-4, No.340, pp.233-243 (2007)
7) 東京都総合治水対策協議会：ウェッブページ「東京都雨水貯留・浸透施設技術指針」
 http://www.tokyo-sougou-chisui.jp/shishin/index.html (2011年8月現在)
8) 農林水産省農村振興局土地改良企画課：ため池台帳 (1997)

## 7章

1) 神田　徹，藤田睦博：水文学，技法堂出版 (1982)
2) 日野幹雄：水文研究者は何をやって来たか。そして，これからなにをなすべきか？，水文・水資源学会誌，第9巻，1号 (1996)
3) A. F. Jenkinson：The frequency distribution of the annual maximum (or minimum) values of meteorological elements, Quarterly Journal of the Royal Meteorological Society, Vol.81, pp.158-171 (1955)
4) 池淵周一，椎葉充晴，宝　馨，立川康人：水文学，朝倉書店 (2006)
5) 宝　馨，高棹琢馬：水文頻度解析における確率分布モデルの評価規準，土木学会論文集，393/Ⅱ-9, pp.151-160 (1988)

## 8章

1) 国土庁長官官房水資源部：日本の水資源，大蔵省印刷局 (1999)
2) 中澤弌仁：水資源の科学，朝倉書店 (1991)
3) 河川法令研究会：よくわかる河川法，ぎょうせい (2007)
4) 環境省：ウェッブページ「気候変動への賢い適応」
 http://www.env.go.jp/earth/ondanka/rc_eff-adp/ (2011年8月現在)
5) 石田紀郎：地球水環境と国際紛争の光と影，信山社 (1995)
6) T. Oki, M. Sato, A. Kawamura, M. Miyake, S. Kanae and K. Musiake：Virtual water trade to Japan and in the world, Virtual Water Trade, edited by A.Y. Hoekstra, Proceedings of the International Expert Meeting on Virtual Water Trade, Delft, The Netherlands, 12-13 December 2002, Value of Water Research Report Series, No.12, pp.221-235 (2003)

## 付録1

1) 日本リモートセンシング研究会：図解リモートセンシング，日本測量協会 (1992)

# 演習問題解答

## 1章

〔1.1〕 水は物質循環の媒体としても働く。また、人間だけでなくさまざまな生物生息場を提供している。これらについて具体的に記述する。

## 2章

〔2.1〕 表2.1を表現する近似式

$$e_{SAT} = 6.11 \times 10^{\frac{7.5T}{237.3+T}}$$

を用いるか、表2.1を補間して任意の気温の飽和水蒸気圧を求める。
相対湿度と水蒸気圧の関係は式 (2.6) から

$$e = h_r e_{SAT}$$

で求めることができる。絶対湿度は式 (2.9) の

$$a = 0.2167 \frac{e}{T}$$

で求めることができる。

〔2.2〕 飽和絶対湿度: 問題〔2.1〕を利用する。$a_{SAT} = 0.2167 \dfrac{e_{SAT}}{T}$

飽和比湿: $q_{SAT} = \dfrac{0.622 e_{SAT}}{p - e_{SAT}}$

## 3章

〔3.1〕 $6\pi r \mu U = mg$。雨滴を球とすると

$$U = \frac{2\rho_w r^2 g}{9\mu}$$

が得られる。

〔3.3〕 $P_b$ からの距離に対する重み $w_i$ はそれぞれ、$(w_1, w_2, w_3, w_4) = (1, 1/\sqrt{5}, 1, 1/\sqrt{5})$ となる。式 (3.9) において $(n, a) = (4, 1)$ とすると

$$P_b = (100 + 150/\sqrt{5} + 120 + 200/\sqrt{5})/(2 + 2/\sqrt{5}) = 130 \text{ mm}$$

## 4章

〔4.1〕 流量を $Q$、$z$ における堰の幅を $B$ とすれば、$Q = \int_0^H BV \, dz$ である。ベル

ヌイの式によれば，流速 $V$ と貯水池の水深 $z$ との関係は $z = V^2/2g$。よって $V = \sqrt{2gz}$ である。また，$B = 2H(1 - z/H)\tan\alpha$ である。よって流量は

$$Q = \int_0^H \left\{2H\left(1 - \frac{z}{H}\right)\tan\alpha\right\}\sqrt{2gz}\, dz$$

$$Q = \frac{8\sqrt{2g}}{15} H^{\frac{5}{2}} \tan\alpha$$

〔4.3〕 解図 4.1 のように，水深を $h$，河床の角度を $\theta$ とする。

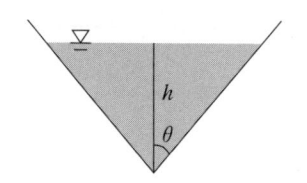

解図 4.1

水面幅 $B = 2h\tan\theta$， 通水断面積 $A = \frac{1}{2} \cdot 2h\tan\theta = h^2\tan\theta$

潤辺 $S = \dfrac{2h}{\cos\theta}$， 径深 $R = \dfrac{A}{S} = \dfrac{h}{2}\sin\theta$

4.3.7 項の解法では単位幅を用いたが，ここでは断面積 $A$ と流量 $Q$ を用いる。

$$\frac{\partial A}{\partial t} + \frac{\partial Q}{\partial x} = 0$$

$$\frac{\partial A}{\partial t} + A\frac{\partial v}{\partial x} + v\frac{\partial A}{\partial x} = 0$$

$$\frac{\partial}{\partial t}(h^2\tan\theta) + A\frac{\partial}{\partial x}\left(\frac{1}{n}R^{\frac{2}{3}}I^{\frac{1}{2}}\right) + v\frac{\partial}{\partial x}(h^2\tan\theta) = 0$$

$$2h\tan\theta \cdot \frac{\partial h}{\partial t} + h^2\tan\theta \cdot \frac{\partial}{\partial x}\left\{\frac{1}{n}\left(\frac{h}{2}\sin\theta\right)^{\frac{2}{3}}I^{\frac{1}{2}}\right\} + 2h\tan\theta \cdot v\frac{\partial h}{\partial x} = 0$$

$$2h\tan\theta \cdot \frac{\partial h}{\partial t} + h^2\tan\theta \cdot \frac{1}{n}\left(\frac{\sin\theta}{2}\right)^{\frac{2}{3}}I^{\frac{1}{2}}\frac{2}{3}h^{-\frac{1}{3}}\frac{\partial h}{\partial x} + 2h\tan\theta \cdot v\frac{\partial h}{\partial x} = 0$$

$$2h\tan\theta \cdot \frac{\partial h}{\partial t} + 2h\tan\theta \cdot \frac{1}{3}v\frac{\partial h}{\partial x} + 2h\tan\theta \cdot v\frac{\partial h}{\partial x} = 0$$

$$\frac{\partial h}{\partial t} + \frac{4}{3}v\frac{\partial h}{\partial x} = 0$$

# 5章

〔5.1〕 図 5.1 に従うと水の密度 $\rho_w = m_w/V_w$，土の乾燥密度 $\rho_d = m_s/V$。よって式 (5.4) より

$$w = \frac{m_w}{m_s} \times 100 = \frac{\rho_w V_w}{\rho_d V} \times 100 = \frac{\rho_w}{\rho_d} \theta \times 100$$

〔5.2〕 $v = 0.1\,\mathrm{m/s}$

〔5.3〕 $K_s = 0.046\,\mathrm{m/s}$。このときのレイノルズ数は $Re = vd/\nu = 4.6$ なので，ダルシー式が成立する。

# 索　引

## 【あ】

あられ
　graupel, small hail,
　snow pellets　　　　　34
アルベド
　albedo　　　　　　　15
安定成層
　stable stratification　32

## 【い】

一般極値分布，GEV 分布
　generalized extreme value
　distribution　　　　　94
異方性
　anisotropic　　　　　69

## 【う】

雨域の面積
　area　　　　　　　　38
渦相関法
　eddy correlation method
　　　　　　　　　　　22
渦動粘性係数
　kinematic eddy viscosity
　　　　　　　　　　　130
宇宙航空研究開発機構
　Japan Aerospace
　Exploration Agency,
　JAXA　　　　　　　128

## 【え】

塩水浸入
　salt water intrusion　114
堰堤
　weir　　　　　　　　83

## 【お】

オイラーの連続方程式
　Euler's equation of
　continuity　　　　　141

応答関数
　pulse response function
　method　　　　　　54
オキープス
　O'Keyps　　　　　134
遅い中間流
　late inter flow　　　　44
温位
　potential temperature
　　　　　　　　33, 139
音波流速計
　acoustic Doppler current
　profiler，ADCP　　48

## 【か】

回帰日数
　recurrent time　　　128
概念モデル
　conceptual model　　50
化学的酸素要求量
　chemical oxygen demand,
　COD　　　　　　　112
拡散
　diffusion　　　　　　19
拡散モデル
　diffusion analog model　145
確定成分
　deterministic component
　　　　　　　　　　　98
確率成分
　stochastic component　98
確率統計水文学
　stochastic hydrology　88
確率密度関数
　probability density
　function，PDF　　　90
可降水量
　precipitable water　　31
可視光線
　visible ray　　　　　15

過剰係数
　excess coefficient　152
画素
　pixel　　　　　　　123
仮想水
　virtual water　　　120
画素値
　pixel value　　　　123
可能蒸発散量
　potential
　evapotranspiration　13
可能蒸発量
　potential evaporation　13
可能浸透フラックス
　potential infiltration flux
　　　　　　　　　　　73
カルマン定数
　Karman constant　131
環境用水
　environmental water　105
間隙比
　void ratio　　　　　64
間隙率
　porosity　　　　　　64
含水比
　moisture content,
　water content　　　64
完全流体
　perfect fluid, ideal fluid
　　　　　　　　　　　70
乾燥断熱過程
　dry adiabatic process
　　　　　　　　33, 137
乾燥断熱減率
　dry adiabatic lapse rate　137
涵養域
　recharge area　　　67
涵養ダム
　recharge dam　　　81

涵養池
　　recharge pond　　81

## 【き】

気温減率
　　lapse rate　　33
幾何補正
　　geometric correction　　124
気候変動に関する政府間パネル
　　Intergovernmental Panel on Climate Change, IPCC　　116
基準点
　　ground control point, GCP　　124
基底流
　　base flow　　44
キネマティックウェイブモデル
　　kinematic wave model　　57
吸引圧
　　suction　　72, 147
凝　結
　　condensation　　29
凝集力
　　cohesion　　146
魚　道
　　fish passage, fish pass　　86

## 【く】

空間分解能
　　spatial resolution　　123
空気力学的な方法
　　aerodynamic method　　133
グリーン・アンプト
　　Green-Ampt　　149
グレースケール
　　gray scale　　127
グンベル分布
　　Gumbel distribution　　93

## 【け】

経過時間
　　transit time　　78

傾向性
　　trend　　98
傾度法
　　gradient method　　133
限界レイノルズ数
　　critical Reynolds number　　68
顕　熱
　　sensible heat　　16

## 【こ】

降　雨
　　rainfall　　29
降雨継続時間
　　duration　　38
降雨量
　　depth　　38
公　害
　　common nuisance　　111
降下浸透
　　percolation　　73
工業用水
　　industrial water　　105
降　水
　　precipitation　　3, 29
洪水流
　　flood flow　　43
降　雪
　　snowfall　　29
合理式
　　rational method　　51
国際河川
　　international river, international watercourse　　109
国際大ダム会議
　　International Commission on Large Dams, ICOLD　　83
コーシー・リーマン
　　Cauchy-Riemann　　70
コモンズ
　　commons　　119

混合比
　　mixing ratio　　19

## 【さ】

雑用水
　　reclaimed water　　105
散　乱
　　scattering　　123

## 【し】

時系列分析
　　time-series analysis　　98
自然水循環
　　natural hydrological cycle　　7
湿　潤
　　infiltration　　73
実蒸発散量
　　actual evapotranspiration　　13
地盤沈下
　　subsidence　　75
遮　断
　　interception　　13
周期性
　　periodicity　　98
自由水
　　free water　　65
自由地下水，不圧地下水
　　unconfined groundwater　　67
集中型モデル
　　lumped model　　50
終末速度
　　terminal velocity　　41
重力水
　　gravitational moisture　　65
樹冠遮断，林冠遮断
　　canopy interception, crown interception　　13
昇　華
　　sublimation　　13
条件付き不安定
　　conditionally unstable　　139

蒸　散
　　transpiration　13
蒸　発
　　evaporation　13
蒸発散
　　evapotranspiration　3, 13
人工水循環
　　artificial hydrological cycle
　　　7
浸　透
　　infiltration　73
浸透トレンチ
　　infiltration trench　82
浸透能
　　infiltration capacity　73
浸透ます
　　infiltration inlet　82

【す】

水蒸気圧
　　water vapor pressure　17
水分特性曲線
　　moisture characteristic
　　curve, imbibition curve　72
水理学
　　hydraulics　141
水利権
　　water right　105
ストークスの抵抗法則
　　Stokes' law of resistance　41
スプリットウィンドウ法
　　split window method　125

【せ】

生活用水
　　household water　105
正規化植生指標
　　normalized difference
　　vegetation index, NDVI
　　　125
成　層
　　stratification　139

生物化学的酸素要求量
　　biochemical oxygen
　　demand, BOD　112
世界気象機関
　　World Meteorological
　　Organization, WMO　56
赤外光線
　　infra-red ray　15
積　雪
　　snowpack　33
積雪深
　　snow depth, SD　34, 80
積雪水当深
　　snow water equivalent,
　　SWE　34
積雪比重
　　snow specific gravity　34
積雪密度
　　snow density　79
積　率
　　moment　150
絶対安定
　　absolute stable　140
絶対湿度
　　absolute humidity　17
絶対不安定
　　absolute unstable　139
接地境界層
　　surface boundary layer　135
ゼロ面変位
　　zero-plane displacement
　　　132
潜　熱
　　latent heat　14

【そ】

層　位
　　horizon　66
相関係数
　　correlation coefficient　60
相対湿度
　　relative humidity　17
層　理
　　bedding　66

層　流
　　laminar flow　129
素過程
　　process　3
粗度長
　　roughness length　132

【た】

大気境界層
　　planetary boundary layer
　　　135
第三の極
　　third pole　5
帯水層
　　aquifer　67
体積含水率
　　water content by volume
　　　64
対　流
　　convection　15
滞　留
　　detention　78
滞留時間
　　residence time　78
たたみこみ積分
　　convolution　54
多波長法
　　multi-channel method　125
ダルシーの法則
　　Darcy's law　67
単位図
　　unit hydrograph　52
単位図法
　　unit hydrograph method
　　　52
タンクモデル
　　tank model　55
断熱変化
　　adiabatic change　137
短　波
　　short wave　15

# 索 引

## 【ち】

知 覚
　　sense　121
地下水
　　ground water　64
地下水汚染
　　groundwater contamination　112
地下水面
　　water table　65
治 水
　　flood control　107
地表流
　　surface flow　44
中間流
　　inter flow　44
中立成層
　　neutral stratification　33
超過確率
　　exceedance probability　91
長 波
　　long wave　15
直接流
　　direct flow　44
貯 留
　　storage　3, 78
貯留関数法
　　storage function method　54

## 【て】

ティセン法
　　Thiessen method　36
停 滞
　　retention　78
デュピー
　　Dupuit　70
点 源
　　point source　111
テンシオメーター
　　tensiometer　74
天 水
　　green water　120

## 【と】

伝 導
　　conduction　15

同位体水文学
　　isotope hydrology　81
頭首工
　　headworks　83
透水係数
　　hydraulic conductivity　68
等方均質
　　isotropic homogeneous　69
等方性
　　isotropic　69
トゥルー画像
　　true image　127
尖り係数
　　kurtosis　152
都市用水
　　municipal water　105
土壌水
　　soil water　64
土層断面
　　soil profile　66

## 【な】

ナチュラル画像
　　natural image　127
ナッシュ・サトクリフ効率係数
　　Nash Sutcliffe efficiency coefficient　60

## 【に】

ニューウォーター
　　NEWater　119
ニュートン流体
　　Newtonian fluid　129

## 【ね】

熱帯収束帯
　　intertropical convergence zone, ITCZ　5

## 【の】

農業用水
　　agricultural water, blue water　105, 120

## 【は】

バイアス比
　　bias ratio　152
バイアス補正係数
　　bias correction coefficient　152
ハイエトグラフ
　　hyetograph　43
背 水
　　backwater　82
ハイドログラフ
　　hydrograph　43
パイプ流れ
　　pipe flow　68
配 分
　　allocation　118
パーセンタイル
　　percentile　153
速い中間流
　　prompt inter flow, early inter flow　44
反 射
　　reflection　123

## 【ひ】

被圧地下水
　　confined groundwater　67
非均質
　　heterogeneous　69
比 湿
　　specific humidity　19
比水分容量
　　specific moisture capacity　72

| 日本語 | 英語 | 頁 |
|---|---|---|
| ヒステリシス | hysteresis | 72 |
| ひずみ係数 | skewness | 152 |
| 非超過確率 | non-exceedance probability | 91 |
| 費用 | cost | 92 |
| ひょう | hail | 34 |
| 標準最小二乗規準 | standard least-square criterion, SLSC | 95 |
| 費用便益比 | benefit/cost, B/C | 92 |
| 標本 | sample | 152 |
| 表面張力 | surface tension | 146 |
| 比流量 | specific discharge | 44 |
| 頻度分析 | frequency analysis | 88 |

### 【ふ】

| 日本語 | 英語 | 頁 |
|---|---|---|
| 不圧地下水，自由地下水 | unconfined groundwater | 67 |
| 不安定成層 | unstable stratification | 32 |
| フォールス画像 | false image | 127 |
| 付着力 | adhesion | 146 |
| 物理水文学 | physical hydrology | 88 |
| 物理分解能 | physical resolution | 123 |
| 物理モデル | physical model | 50 |
| 普遍気体定数 | universal gas constant | 136 |
| フラックス | flux | 14 |
| プラットフォーム | platform | 128 |
| プラントルの混合距離の仮説 | Prandtl's mixing length hypothesis | 131 |
| 分布型モデル | distributed model | 50 |

### 【へ】

| 日本語 | 英語 | 頁 |
|---|---|---|
| 平衡蒸発 | equilibrium evaporation | 23 |
| ベルヌイの式 | Bernoulli equation | 143 |
| 便益 | benefit | 92 |
| ペンマン式 | Penman equation | 22 |
| ペンマン・モンティース式 | Penman-Monteith equation | 23 |

### 【ほ】

| 日本語 | 英語 | 頁 |
|---|---|---|
| 放射 | radiation | 15 |
| 飽和湿潤断熱過程 | moist adiabatic process | 138 |
| 飽和湿潤断熱減率 | moist adiabatic lapse rate | 138 |
| 飽和水蒸気圧 | saturated water vapor pressure | 17 |
| 飽和度 | degree of saturation | 64, 65 |
| 飽和毛管水帯 | saturated capillary water zone | 65 |
| ボーエン比 | Bowen ratio | 21 |
| 母集団 | population | 152 |

### 【ま】

| 日本語 | 英語 | 頁 |
|---|---|---|
| 摩擦速度 | friction velocity | 131 |
| マニングの式 | Manning's formula | 58 |

### 【み】

| 日本語 | 英語 | 頁 |
|---|---|---|
| 水の汚染 | water pollution | 111 |
| 水の循環 | hydrological cycle | 3 |
| 水紛争 | water conflict | 108 |
| 水みち | pipe | 68 |
| みぞれ | sleet | 34 |

### 【む】

| 日本語 | 英語 | 頁 |
|---|---|---|
| 無次元化した普遍関数 | non-dimensional share function | 134 |

### 【め】

| 日本語 | 英語 | 頁 |
|---|---|---|
| メコン河委員会 | Mekong River Commission, MRC | 109 |
| メソスケール | mesoscale | 6 |
| メディアン | median | 94, 153 |
| 面源 | non-point source | 111 |

### 【も】

| 日本語 | 英語 | 頁 |
|---|---|---|
| 毛管 | capillary | 146 |
| 毛管圧 | capillary pressure | 147 |
| 毛管水縁 | capillary fringe | 65 |
| 毛管定数 | capillary constant | 147 |

| 毛細管 | | |
|---|---|---|
| capillary tube | | 146 |
| モード | | |
| mode | | 94 |
| モニン・オブコフ | | |
| Monin-Obukhov | | 134 |
| モンスーン | | |
| monsoon | | 6 |

**【ゆ】**

| 有効雨量 | | |
|---|---|---|
| effective rainfall | | 45 |
| 有効放射量 | | |
| net radiation | | 15 |
| 融雪 | | |
| snowmelt | | 33 |
| 尤度関数 | | |
| likelihood function | | 151 |
| 雪ダム | | |
| snow storage dam | | 80 |

**【よ】**

| 葉面積指数 | | |
|---|---|---|
| leaf area index, LAI | | 25 |

**【ら】**

| ライシメーター | | |
|---|---|---|
| lysimeter | | 27 |
| ライン川汚染防止国際委員会 | | |
| International Commission for the Protection of the Rhine, ICPR | | 109 |
| 乱流 | | |
| turbulent flow | | 129 |

**【り】**

| 利水 | | |
|---|---|---|
| water use | | 107 |
| リターンピリオド | | |
| return period | | 91 |
| リチャーズ式 | | |
| Richards equation | | 72 |
| リモートセンシング | | |
| remote sensing | | 121 |
| 流出 | | |
| runoff | | 3 |
| 流出係数 | | |
| runoff coefficient | | 51 |
| 流出高 | | |
| runoff height | | 44 |
| 流線 | | |
| stream line | | 70 |
| 流体 | | |
| fluid | | 129 |
| 流量 | | |
| discharge | | 44 |
| 林冠遮断, 樹冠遮断 | | |
| canopy interception, crown interception | | 13 |

**【れ】**

| レイノルズ応力 | | |
|---|---|---|
| Reynolds stress | | 130 |
| レイノルズ数 | | |
| Reynolds number | | 68 |
| レーザー流速計 | | |
| laser Doppler velocimeter, LDV | | 48 |

**【わ】**

| ワイブル分布 | | |
|---|---|---|
| Weibull distribution | | 94 |

---

**【A】**

| A層 | | |
|---|---|---|
| A-horizon | | 66 |

**【B】**

| B層 | | |
|---|---|---|
| B-horizon | | 66 |

**【C】**

| C層 | | |
|---|---|---|
| C-horizon | | 66 |

**【D】**

| DAD解析 | | |
|---|---|---|
| depth, area, duration analysis | | 38 |

**【G】**

| GTD | | |
|---|---|---|
| ground truth data | | 125 |

**【H】**

| HLS | | |
|---|---|---|
| hue, lightness luminance intensity, saturation | | 127 |

**【I】**

| IDF解析 | | |
|---|---|---|
| intensity, duration, frequency analysis | | 38 |

**【O】**

| O層 | | |
|---|---|---|
| organic horizon | | 66 |

**【R】**

| RMSE | | |
|---|---|---|
| root mean square error | | 59 |

─── 著者略歴 ───

1990 年　東北大学工学部土木工学科卒業
1992 年　東北大学大学院工学研究科博士課程前期修了
　　　　（土木工学専攻）
1995 年　東北大学大学院工学研究科博士課程後期修了
　　　　（土木工学専攻）
　　　　博士（工学）
1995 年　東北大学助手
1995 年　筑波大学講師
1997 年　アジア工科大学講師（JICA 専門家）
1999 年　東北大学助教授
2009 年　東北大学准教授
2010 年　東北大学教授
　　　　現在に至る

# 水　文　学
Hydrology

©So Kazama 2011

2011 年 10 月 7 日　初版第 1 刷発行
2020 年 7 月 20 日　初版第 3 刷発行

| 検印省略 | 著　者 | 風　　間　　　聡 |
| | 発行者 | 株式会社　コロナ社 |
| | | 代表者　牛来真也 |
| | 印刷所 | 新日本印刷株式会社 |
| | 製本所 | 有限会社　愛千製本所 |

112-0011　東京都文京区千石 4-46-10
発 行 所　株式会社　コロナ社
CORONA PUBLISHING CO., LTD.
Tokyo Japan
振替 00140-8-14844・電話(03)3941-3131(代)
ホームページ　https://www.coronasha.co.jp

ISBN 978-4-339-05628-0　C3351　Printed in Japan　　　（中原）

<JCOPY> <出版者著作権管理機構 委託出版物>
本書の無断複製は著作権法上での例外を除き禁じられています。複製される場合は，そのつど事前に，出版者著作権管理機構（電話 03-5244-5088，FAX 03-5244-5089, e-mail: info@jcopy.or.jp）の許諾を得てください。

本書のコピー，スキャン，デジタル化等の無断複製・転載は著作権法上での例外を除き禁じられています。購入者以外の第三者による本書の電子データ化及び電子書籍化は，いかなる場合も認めていません。
落丁・乱丁はお取替えいたします。